달달 풀고 곰곰 생각하는

달곰한
계산력

초등 6-2

디지털 교육 컨텐츠를 전문적으로 제작하고 공유하여
교실과 학교, 교육의 변화를 꿈꾸는
현직 교사로 이루어진 전국 단위 전문적 학습 공동체입니다.

지 은 이	NE능률 수학교육연구소
	참쌤스쿨 정다운
개 발 책 임	차은실
개 발	한아름, 김다은, 김건희
디 자 인	오영숙, 한새미, 황유진
일 러 스 트	이상화
영 업	한기영, 이경구, 박인규, 정철교, 김남준, 이우현
마 케 팅	박혜선, 남경진, 이지원, 김여진
펴 낸 이	주민홍
펴 낸 곳	서울시 마포구 월드컵북로 396(상암동) 누리꿈스퀘어 비즈니스타워 10층
	㈜NE능률 (우편번호 03925)
펴 낸 날	2023년 11월 10일 초판 제1쇄
전 화	02 2014 7114
팩 스	02 3142 0357
홈 페 이 지	www.neungyule.com
등 록 번 호	제1-68호

고객센터
교재 내용 문의: contact.nebooks.co.kr (별도의 가입 절차 없이 작성 가능)
제품 구매, 교환, 불량, 반품 문의: 02 2014 7114
☎ 전화 문의는 본사 업무 시간 중에만 가능합니다.

수학 공부를 하다 보면 이해가 안 돼서 어렵고, 또 재미도 없고…….

그래서 수학 공부를 하기 싫은 적이 있지 않나요?

수학이 어려운 가장 큰 이유는 지금 배우고 있는 수학 개념들이 대부분 글로 된 딱딱한 설명과 식으로 되어 있기 때문이죠.

그래서 설명을 읽어도 모르겠고, 식을 봐도 이해가 되지 않는 것이랍니다.

하지만! 어려운 수학 개념을 너무나 쉽게 이해할 수 있는 방법!

바로 비주얼 싱킹을 활용해서 수학 개념을 이해하고 문제를 풀어 보는 것이지요.

여러분들이 이해하기 쉽게 수학 개념을 풀어놓은 달콤한 계산력으로 수학 공부를 재미있게 해 보세요!

달콤한 계산력 한눈에 보기

1

학교 선생님이 아이들의 눈높이에 맞추어
설명한 연산 개념을 담았어요.

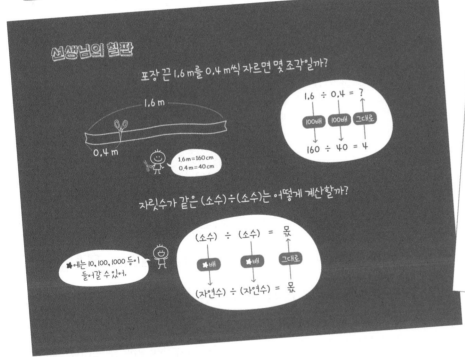

2

개념을 다시 한번 짚어주는 지문을 읽고
충분히 연습해요.

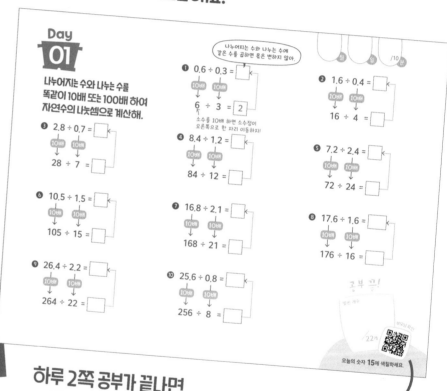

하루 2쪽 공부가 끝나면 QR로 빠르게 채점하고, 로직을 완성해요.

01 자릿수가 같은 (소수)÷(소수)

1

9 4 / 2   **10** 92 / 92, 23 / 4

11 62 / 186, 62 / 3

12 1224, 136 / 1224, 136 / 9

13 1524, 127 / 1524, 127 / 12

Day 03

1 5	**2** 57	**3** 33	**11** 6	**12** 8	**13** 3
4 14	**5** 18	**6** 19	**14** 5	**15** 9	**16** 13
7 22	**8** 6	**9** 17	**17** 12	**18** 27	**19** 23
10 13			**20** 16	**21** 14	**22** 25
			23 82	**24** 12	

Day 04

1 7	**2** 18	**3** 12	**8** 6	**9** 3	**10** 24
4 24	**5** 15	**6** 25	**11** 5	**12** 14	**13** 17
7 23			**14** 15	**15** 16	**16** 28
			17 12	**18** 13	

2

Day 05

18쪽
19쪽

❶ 8 ❷ 7 ❸ 7 ⓬ 6 ⓭ 19 ⓮ 27

❹ 24 ❺ 5 ❻ 32 ⓯ 9 ⓰ 14 ⓱ 32

❼ 14 ❽ 14 ❾ 12 ⓲ 4

❿ 14 ⓫ 35

Day 06

20쪽
21쪽

❶ 9 ❷ 18 ❸ 22 ⓬ 11 ⓭ 15 ⓮ 13

❹ 6 ❺ 11 ❻ 27 ⓯ 3 ⓰ 9 ⓱ 16

❼ 18 ❽ 4 ❾ 16 ⓲ 31 ⓳ 137 ⓴ 8

❿ 21 ⓫ 13 ㉑ 7 ㉒ 11 ㉓ 19

㉔ 32 ㉕ 26 ㉖ 25

연산 놀이터

동물들이 음료수를 컵에 나누어 담으려고 해.
각각 컵에 음료수를 가득 따를 때, 컵이 몇 개씩 필요한지 그려 봐.

"컵 (6)개가 필요해. 찍찍."

"컵 (3)개가 필요해. 뿌우."

02 자릿수가 다른 (소수)÷(소수)

Day 07

Day 08

30쪽 31쪽

❶ 2.1 ❷ 0.9 ❸ 1.6   ❼ 0.2 ❽ 1.7 ❾ 0.8
❹ 4.1 ❺ 1.3 ❻ 1.4   ❿ 2.3 ⓫ 3.6 ⓬ 0.8
                        ⓭ 2.5 ⓮ 3.4 ⓯ 2.1
                        ⓰ 1.9 ⓱ 2.6

32쪽 33쪽

❶ 2.3 ❷ 3.2 ❸ 1.4   ⓬ 18.2 ⓭ 1.3 ⓮ 1.6
❹ 3.7 ❺ 1.8 ❻ 2.7   ⓯ 0.4 ⓰ 7.5 ⓱ 1.7
❼ 2.8 ❽ 4.4 ❾ 3.6   ⓲ 11.3 ⓳ 2.3 ⓴ 2.1
❿ 1.5 ⓫ 4.2   ㉑ 3.5 ㉒ 4.2

34쪽 35쪽

❶ 0.9 ❷ 0.7 ❸ 2.8   ⓬ 2.8 ⓭ 2.7 ⓮ 1.2
❹ 1.4 ❺ 2.7 ❻ 3.7   ⓯ 8.6 ⓰ 3.4
❼ 3.2 ❽ 4.2 ❾ 3.8
❿ 8.6 ⓫ 2.4

36쪽

❶ 1.8 ❷ 8.1 ❸ 0.7

❹ 3.2 ❺ 5.3 ❻ 1.9

❼ 2.4 ❽ 3.6 ❾ 2.9

❿ 1.8 ⓫ 2.9

37쪽

⓬ 4.1 ⓭ 2.7 ⓮ 2.3

⓯ 5.2 ⓰ 3.6 ⓱ 3.5

⓲ 1.6 ⓳ 1.7 ⓴ 6.8

㉑ 4.4 ㉒ 2.6

38쪽

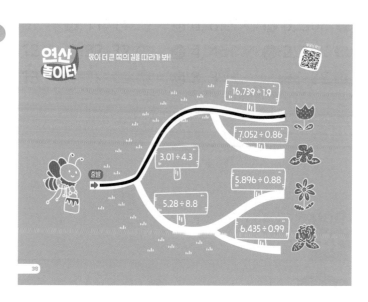

03 (자연수)÷(소수)

9 15 / 40　　　　　　**10** 800 / 32

11 5400 / 5400 / 75　　**12** 22 / 22 / 50

13 100 / 100, 25 / 4　　**14** 128 / 3200, 128 / 25

15 900, 225 / 900, 225 / 4

16 4100, 164 / 4100, 164 / 25

Day 15

1 14	**2** 5	**3** 5	**9** 25	**10** 5	**11** 6
4 25	**5** 26	**6** 15	**12** 25	**13** 15	**14** 8
7 15	**8** 32		**15** 16	**16** 16	**17** 15
			18 35	**19** 25	

Day 16

1 25	**2** 36	**3** 200	**7** 8	**8** 25	**9** 24
4 16	**5** 25	**6** 25	**10** 50	**11** 4	**12** 25
			13 24	**14** 24	**15** 25
			16 50	**17** 16	

Day 17

❶ 25　❷ 150　❸ 8
❹ 24　❺ 5　❻ 20
❼ 16　❽ 25　❾ 32
❿ 25　⓫ 50

⓬ 45　⓭ 12　⓮ 38
⓯ 4　⓰ 15　⓱ 60
⓲ 72

Day 18

❶ 25　❷ 45　❸ 25
❹ 20　❺ 50　❻ 12
❼ 22　❽ 5　❾ 75
❿ 15　⓫ 50

⓬ 15　⓭ 12　⓮ 12
⓯ 25　⓰ 150　⓱ 5
⓲ 25　⓳ 30　⓴ 5
㉑ 36　㉒ 32　㉓ 44
㉔ 5　㉕ 50　㉖ 12

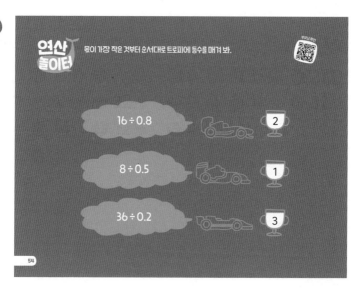

04 몫을 반올림하여 나타내기

11

Day 20

60쪽

❶ 1.2　❷ 1.9　❸ 4.3
❹ 4.7　❺ 3.4　❻ 1.9

61쪽

❼ 0.4　❽ 2.3　❾ 6.8
❿ 3.4　⓫ 2.2　⓬ 8.6
⓭ 7.4

Day 21

62쪽

❶ 0.57　❷ 2.33　❸ 0.47
❹ 2.04　❺ 9.17　❻ 1.7

63쪽

❼ 6.67　❽ 2.66　❾ 1.4
❿ 8.17　⓫ 1.93　⓬ 2.83
⓭ 3.39

Day 22

64쪽

❶ 2　❷ 6　❸ 2
❹ 2　❺ 1　❻ 4
❼ 6　❽ 5.1　❾ 9.7
❿ 4.7　⓫ 7.1

65쪽

⓬ 1.4　⓭ 3.3　⓮ 2.3
⓯ 2　⓰ 3.11　⓱ 2.43
⓲ 3.94　⓳ 7.04　⓴ 2.19
㉑ 1.54　㉒ 3.75

12

66쪽

❶ 2 / 1.8 / 1.81
❷ 3 / 2.7 / 2.67
❸ 1 / 1.3 / 1.26
❹ 4 / 3.9 / 3.94
❺ 3 / 3.2 / 3.2

67쪽

❻ 2 / 2.2 / 2.21
❼ 3 / 3.3 / 3.28
❽ 11 / 11.4 / 11.4
❾ 3 / 2.6 / 2.55
❿ 19 / 19 / 18.98

68쪽

05 나누어 주고 남는 양

Day 26

76쪽
❶ 1, 1.25　❷ 3, 3.63
❸ 12, 2.57　❹ 4, 0.91
❺ 3, 3.04　❻ 3, 8.19

77쪽
❼ 19, 1.99　❽ 2, 20.83
❾ 19, 2.98　❿ 16, 2.13
⓫ 11, 3.09　⓬ 6, 8.35
⓭ 22, 0.84

Day 27

78쪽
❶ 2, 0.25　❷ 11, 2.7
❸ 9, 2.64　❹ 4, 4.58
❺ 12, 4.78　❻ 16, 1.7
❼ 20, 1.9

79쪽
❽ 3, 7.04　❾ 16, 3.94
❿ 2, 2.75　⓫ 17, 3.88
⓬ 3, 1.9　⓭ 4, 7.22
⓮ 14, 10.7

Day 28

80쪽
❶ 3, 3.6　❷ 4, 3.27
❸ 5, 9.1　❹ 15, 1.6
❺ 17, 1.21　❻ 6, 15.9
❼ 3, 1.01　❽ 12, 2.8
❾ 6, 10.5　❿ 6, 1.8
⓫ 4, 0.11

81쪽
⓬ 14, 0.56　⓭ 6, 1.9
⓮ 10, 5.23　⓯ 15, 6.9
⓰ 12, 9.21　⓱ 6, 4.56
⓲ 5, 2.8　⓳ 25, 2.09
⓴ 22, 0.38　㉑ 27, 2.1
㉒ 14, 8.8

연산 놀이터 해적선의 돛을 보고 보물과 관련한 식과 답을 구해 봐.

황금 6.7 cm를 2 cm씩 잘라 가공하면 몇 개를 만들 수 있을까?

식: 6.7 ÷ 2
(3)개

묶을
자연수까지
구하기

크리스탈 80.9 kg을 한 상자에 9 kg씩 나누어 담으면 몇 상자가 될까?

식: 80.9 ÷ 9
(8)상자

자연수, 분수, 소수의 혼합 계산

86쪽

❶ $0.25\left(=\dfrac{1}{4}\right)$　　　❷ $8.29\left(=8\dfrac{29}{100}\right)$

❸ $5.4\left(=5\dfrac{2}{5}\right)$　　　❹ $\dfrac{13}{14}$

❺ $6.15\left(=6\dfrac{3}{20}\right)$　　　❻ $2.39\left(=2\dfrac{39}{100}\right)$

❼ $17.5\left(=17\dfrac{1}{2}\right)$

87쪽

❽ $6\dfrac{1}{4}(=6.25)$　　❾ $\dfrac{2}{15}$　　❿ $\dfrac{2}{7}$

⓫ $\dfrac{8}{25}(=0.32)$　　⓬ $1\dfrac{3}{5}(=1.6)$　　⓭ 10

⓮ $1\dfrac{1}{5}(=1.2)$　　⓯ $3\dfrac{1}{16}$　　⓰ 28

88쪽

❶ $4.7\left(=4\dfrac{7}{10}\right)$ ❷ $7.6\left(=7\dfrac{3}{5}\right)$

❸ $0.4\left(=\dfrac{2}{5}\right)$ ❹ $4.015\left(=4\dfrac{3}{200}\right)$

❺ $5.75\left(=5\dfrac{3}{4}\right)$ ❻ 7

❼ $4.21\left(=4\dfrac{21}{100}\right)$

89쪽

❽ $\dfrac{3}{35}$ ❾ $6\dfrac{8}{15}$

❿ $0.435\left(=\dfrac{87}{200}\right)$ ⓫ $12.1\left(=12\dfrac{1}{10}\right)$

⓬ 3 ⓭ $32.5\left(=32\dfrac{1}{2}\right)$

⓮ $2.125\left(=2\dfrac{1}{8}\right)$ ⓯ $25.3\left(=25\dfrac{3}{10}\right)$

⓰ 0

90쪽

❶ 1

❷ $1.51\left(=1\dfrac{51}{100}\right)$

❸ $4\dfrac{2}{7}$

❹ $0.2\left(=\dfrac{1}{5}\right)$

❺ $2.19\left(=2\dfrac{19}{100}\right)$

❻ $1.925\left(=1\dfrac{37}{40}\right)$

❼ $2.52\left(=2\dfrac{13}{25}\right)$

91쪽

❽ $1\dfrac{5}{7}$

❾ $3.39\left(=3\dfrac{39}{100}\right)$

❿ $0.875\left(=\dfrac{7}{8}\right)$

⓫ $3\dfrac{13}{20}(=3.65)$

⓬ $3.5\left(=3\dfrac{1}{2}\right)$

⓭ $68.04\left(=68\dfrac{1}{25}\right)$

⓮ 15

⓯ $2\dfrac{11}{14}$

⓰ $1.85\left(=1\dfrac{17}{20}\right)$

92쪽

❶ $0.51\left(=\dfrac{51}{100}\right)$

❷ $\dfrac{3}{7}$

❸ $0.16\left(=\dfrac{4}{25}\right)$

❹ $8.07\left(=8\dfrac{7}{100}\right)$

❺ $1.2\left(=1\dfrac{1}{5}\right)$

❻ $\dfrac{19}{80}$

❼ 2

❽ $1\dfrac{2}{3}$

❾ $0.98\left(=\dfrac{49}{50}\right)$

93쪽

❿ $0.7\left(=\dfrac{7}{10}\right)$

⓫ $5.86\left(=5\dfrac{43}{50}\right)$

⓬ $0.84\left(=\dfrac{21}{25}\right)$

⓭ $0.64\left(=\dfrac{16}{25}\right)$

⓮ $0.384\left(=\dfrac{48}{125}\right)$

⓯ $3.75\left(=3\dfrac{3}{4}\right)$

⓰ $4.75\left(=4\dfrac{3}{4}\right)$

⓱ $2\dfrac{2}{3}$

⓲ 2

94쪽

❶ 0

❷ $1\frac{1}{3}$

❸ $6.12\left(=6\frac{3}{25}\right)$

❹ $10.24\left(=10\frac{6}{25}\right)$

❺ 8

❻ $0.77\left(=\frac{77}{100}\right)$

❼ $0.08\left(=\frac{2}{25}\right)$

❽ $1.04\left(=1\frac{1}{25}\right)$

❾ $5.7\left(=5\frac{7}{10}\right)$

95쪽

❿ $4.7\left(=4\frac{7}{10}\right)$

⓫ $1.875\left(=1\frac{7}{8}\right)$

⓬ $2.55\left(=2\frac{11}{20}\right)$

⓭ $3.1\left(=3\frac{1}{10}\right)$

⓮ $6.75\left(=6\frac{3}{4}\right)$

⓯ $0.8\left(=\frac{4}{5}\right)$

⓰ $11.25\left(=11\frac{1}{4}\right)$

⓱ $4.54\left(=4\frac{27}{50}\right)$

⓲ $7.5\left(=7\frac{1}{2}\right)$

연산놀이터 더 비싼 옷을 골라 입으려고 해.
외출할 때 입을 상의와 하의를 오른쪽에 그려 봐.

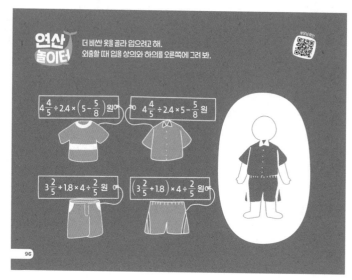

$$4\frac{4}{5} \div 2.4 \times \left(5 - \frac{5}{8}\right) \text{원이}$$

$$4\frac{4}{5} \div 2.4 \times 5 - \frac{5}{8} \text{원}$$

$$3\frac{2}{5} + 1.8 \times 4 \div \frac{2}{5} \text{원이}$$

$$\left(3\frac{2}{5} + 1.8\right) \times 4 \div \frac{2}{5} \text{원이}$$

22

07 간단한 자연수의 비로 나타내기

(위에서부터)

① 24　　　② 4 / 28　　　③ 15 / 5

④ 2 / 8　　　⑤ 36, 52 / 4　　　⑥ 6 / 42, 6

⑦ 7 / 140 / 7　　　⑧ 9 / 45 / 9　　　⑨ 8 / 96 / 8

(위에서부터)

⑩ 6　　　⑪ 16 / 4　　　⑫ 6 / 8

⑬ 11 / 8　　　⑭ 18, 9 / 3　　　⑮ 5 / 12, 15

⑯ 9, 12 / 9　　　⑰ 8 / 8 / 8　　　⑱ 12 / 9 / 12

① 4, 7　　　② 5, 7　　　③ 3 / 5, 3

④ 9 / 5, 6　　　⑤ 4, 4 / 8, 3　　　⑥ 2, 2 / 4, 9

⑦ 5, 5 / 2, 3　　　⑧ 7, 7 / 2, 5　　　⑨ 3, 3 / 10, 9

23

❿ 9, 13　⓫ 8, 7　⓬ 5, 3　⓭ 9, 8
⓮ 6, 11　⓯ 7, 2　⓰ 11, 3　⓱ 17, 12
⓲ 5, 14　⓳ 12, 23　⓴ 11, 9　㉑ 16, 13
㉒ 7, 12　㉓ 7, 6　㉔ 11, 17　㉕ 13, 11

Day 36

❶ 5, 4　❷ 9, 13　⓯ 5:3　⓰ 8:1
❸ 14, 25　❹ 7, 15　⓱ 34:23　⓲ 3:4
❺ 3, 4　❻ 2, 5　⓳ 3:7　⓴ 36:29
❼ 3, 1　❽ 2, 3　㉑ 1:7　㉒ 24:19
❾ 5, 4　❿ 3, 8　㉓ 13:7　㉔ 3:10
⓫ 1, 5　⓬ 4, 1　㉕ 5:3　㉖ 15:2
⓭ 1, 6　⓮ 2, 9　㉗ 2:1　㉘ 68:45
　　　　　　　　　㉙ 10:13　㉚ 16:25

106쪽 107쪽

❶ 8, 9	❷ 16, 7	⓭ 3 : 4	⓮ 4 : 5
❸ 6, 7	❹ 4, 15	⓯ 15 : 28	⓰ 3 : 25
❺ 26, 3	❻ 55, 36	⓱ 11 : 14	⓲ 4 : 15
❼ 11, 10	❽ 15, 14	⓳ 5 : 8	⓴ 3 : 2
❾ 80, 63	❿ 55, 68	㉑ 5 : 12	㉒ 4 : 3
⓫ 35, 32	⓬ 21, 10	㉓ 3 : 5	㉔ 8 : 3
		㉕ 3 : 16	㉖ 16 : 65

108쪽 109쪽

❶ 5 : 1	❷ 2 : 7	⓮ 10 : 3	⓯ 4 : 5
❸ 3 : 4	❹ 3 : 4	⓰ 35 : 17	⓱ 5 : 6
❺ 42 : 65	❻ 12 : 1	⓲ 7 : 10	⓳ 105 : 136
❼ 27 : 25	❽ 20 : 11	⓴ 1 : 2	㉑ 35 : 18
❾ 45 : 49	❿ 8 : 33	㉒ 5 : 6	㉓ 13 : 5
⓫ 24 : 7	⓬ 4 : 27	㉔ 27 : 20	㉕ 1 : 1
⓭ 36 : 25		㉖ 35 : 32	㉗ 9 : 4

❶ 3:2　　❷ 5:2　　❺ 30:1　　❻ 13:60

❸ 13:17　　❹ 6:7　　⓱ 15:4　　⓲ 57:10

❺ 35:4　　❻ 12:5　　⓳ 7:9　　⓴ 25:3

❼ 3:10　　❽ 22:15　　㉑ 22:21　　㉒ 4:15

❾ 11:42　　❿ 69:10　　㉓ 5:3　　㉔ 11:2

⓫ 21:10　　⓬ 5:2　　㉕ 4:15　　㉖ 40:11

⓭ 10:9　　⓮ 8:15　　㉗ 20:13　　㉘ 11:3

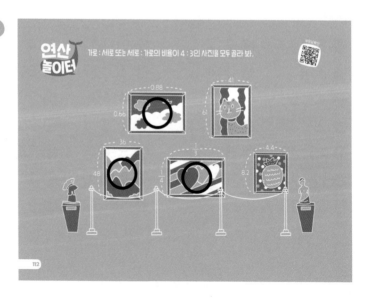

08 비례식

116쪽

Day 40

① 42 / 42　　② 40 / 40

③ 4, 24 / 3, 24　　④ 9, 63 / 21, 63

⑤ 4, 21, 84 / 6, 14, 84　　⑥ 9, 6, 54 / 2, 27, 54

117쪽

⑦ 2, 9, 18 / 1.8, 10, 18　　⑧ 2.4, 15, 36 / 9, 4, 36

⑨ $\dfrac{5}{6}$, 12, 10 / 2, 5, 10　　⑩ $\dfrac{7}{8}$, 24, 21 / 3, 7, 21

⑪ 6, 15, 90 / $4\dfrac{1}{2}$, 20, 90

Day 41

118쪽

① 8　　② 4×6 / 8　　③ 7×6 / 21

④ 8×10 / 16　　⑤ 6×4 / 1　　⑥ 8×6 / 3

⑦ 2×12 / 3　　⑧ 4×15 / 10　　⑨ 5×14 / 10

27

⑩ 12　　⑪ 14　　⑫ 24　　⑬ 81　　⑭ 27

⑮ 16　　⑯ 5　　⑰ 2　　⑱ 11　　⑲ 11

⑳ 8　　㉑ 99　　㉒ 18　　㉓ 9

Day 42

❶ 3×1.4 / 2.1　　❷ 5×4.2 / 3.5　　❸ 9×2 / 4.5

❹ 5×2.1 / 1.5　　❺ 8×$\frac{1}{4}$ / $\frac{2}{3}$　　❻ 2×$\frac{5}{18}$ / $\frac{1}{9}$

❼ 4×$\frac{1}{3}$ / $\frac{4}{9}$　　❽ 7×$\frac{1}{7}$ / $\frac{1}{2}$

❾ 4　　⑩ 8.8　　⑪ 18.9　　⑫ 3.6　　⑬ 1.2

⑭ 6.3　　⑮ $\frac{3}{5}$　　⑯ $\frac{3}{4}$　　⑰ $\frac{3}{4}$　　⑱ 1$\frac{1}{4}$

⑲ $\frac{1}{10}$　　⑳ $\frac{1}{2}$　　㉑ 20　　㉒ 2$\frac{1}{2}$

122쪽   123쪽

❶ 24 ❷ 5 ❸ $\frac{5}{9}$

❹ 27 ❺ $\frac{1}{6}$ ❻ 45

❼ 30 ❽ 6 ❾ 2.4

❿ 4 ⓫ 45 ⓬ 13

⓭ 3

⓮ 32 ⓯ 4.2 ⓰ 15
⓱ 3 ⓲ 7 ⓳ 27
⓴ 63 ㉑ 14 ㉒ 20
㉓ 25 ㉔ 12 ㉕ 4.8
㉖ 1.8 ㉗ 4

124쪽   125쪽

❶ 9 ❷ 7 ❸ 1.2
❹ 4 ❺ 20 ❻ 3
❼ 12 ❽ 9 ❾ 48
❿ 6 ⓫ 21 ⓬ $\frac{3}{8}$
⓭ 16 ⓮ 4.5

⓯ 14 ⓰ 64 ⓱ 3.6
⓲ 3.9 ⓳ $\frac{9}{5}$ ⓴ 21
㉑ 7 ㉒ 12 ㉓ 5
㉔ 10 ㉕ 6.6 ㉖ 24
㉗ 64 ㉘ 81

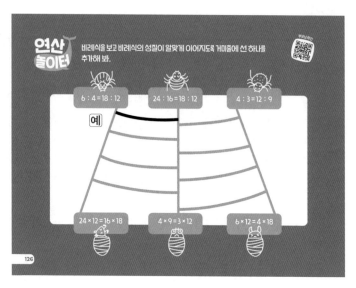

연산놀이터 비례식을 보고 비례식의 성질이 알맞게 이어지도록 거미줄에 선 하나를 추가해 봐.

6 : 4 = 18 : 12

24 : 16 = 18 : 12

4 : 3 = 12 : 9

예

24 × 12 = 16 × 18

4 × 9 = 3 × 12

6 × 12 = 4 × 18

30

09 비례배분

130쪽

1 7

2 ⬛⬛⬛⬛⬛ | ⬜⬜⬜ / 5, 3

3 ⬛⬛ / ⬜ / 4, 2
⬜⬜ / ○

4 ⬛⬛⬛ / ⬛⬛⬛⬛ / 6, 8
○○○ / ○○○○

5 ○ / ○○○ / 3, 9
○ / ○○○
○ / ○○○

6 ○○○ / ○○ / 9, 6
○○○ / ○○
○○○ / ○○

7 ○○○ / ○○○○○ / 6, 10
○○○ / ○○○○○

31

8 / 3, 6

9 / 8, 2

10 / 6, 2

11 예 / 10, 8

12 / 6, 10

Day 46

1

$10 \times \dfrac{2}{2 + 3} = 4$

$10 \times \dfrac{3}{2 + 3} = 6$

/ 4, 6

2

$14 \times \dfrac{3}{3 + 4} = 6$

$14 \times \dfrac{4}{3 + 4} = 8$

/ 6, 8

3

$20 \times \dfrac{1}{1 + 4} = 4$

$20 \times \dfrac{4}{1 + 4} = 16$

/ 4, 16

4

$21 \times \dfrac{5}{5 + 2} = 15$

$21 \times \dfrac{2}{5 + 2} = 6$

/ 15, 6

5

$27 \times \dfrac{2}{2 + 1} = 18$

$27 \times \dfrac{1}{2 + 1} = 9$

/ 18, 9

6 $20 \,/\, 45 \times \dfrac{5}{4+5}$, 25 / 20, 25

7 $36 \times \dfrac{1}{1+3}$, 9 / $36 \times \dfrac{3}{1+3}$, 27 / 9, 27

8 $40 \times \dfrac{3}{3+5}$, 15 / $40 \times \dfrac{5}{3+5}$, 25 / 15, 25

9 $56 \times \dfrac{3}{3+4}$, 24 / $56 \times \dfrac{4}{3+4}$, 32 / 24, 32

10 $66 \times \dfrac{5}{5+6}$, 30 / $66 \times \dfrac{6}{5+6}$, 36 / 30, 36

11 $69 \times \dfrac{2}{2+1}$, 46 / $69 \times \dfrac{1}{2+1}$, 23 / 46, 23

12 $70 \times \dfrac{7}{7+3}$, 49 / $70 \times \dfrac{3}{7+3}$, 21 / 49, 21

13 $75 \times \dfrac{1}{1+4}$, 15 / $75 \times \dfrac{4}{1+4}$, 60 / 15, 60

Day 47

❶ 4, 12　　❷ 8, 16

❸ 10, 20　　❹ 9, 30

❺ 12, 30　　❻ 30, 24

❼ 16, 48　　❽ 18, 63

❾ 28, 70　　❿ 35, 49

⓫ 54, 24　　⓬ 36, 27

⓭ 52, 39　　⓮ 33, 15

⓯ 32, 72　　⓰ 48, 64

⓱ 56, 70　　⓲ 45, 90

⓳ 60, 80　　⓴ 56, 96

㉑ 80, 84　　㉒ 38, 133

㉓ 46, 138　　㉔ 72, 120

㉕ 41, 164　　㉖ 64, 192

㉗ 75, 225

Day 48

❶ 6, 12 / 8, 10

❷ 14, 21 / 15, 20

❸ 12, 36 / 16, 32

❹ 27, 45 / 30, 42

❺ 18, 45 / 15, 48

❻ 19, 38 / 24, 33

❼ 9, 18 / 12, 15

❽ 11, 33 / 28, 16

❾ 16, 40 / 20, 36

❿ 16, 72 / 33, 55

⓫ 16, 80 / 36, 60

⓬ 44, 66 / 40, 70

⓭ 25, 100 / 55, 70

⓮ 24, 120 / 84, 60

⓯ 102, 34 / 56, 80

⓰ 60, 108 / 77, 91

⓱ 39, 117 / 120, 36

⓲ 70, 105 / 55, 120

⓳ 70, 126 / 60, 136

⓴ 135, 54 / 45, 144

㉑ 171, 45 / 136, 80

㉒ 133, 95 / 180, 48

연산 놀이터

레시피에 따라 탕후루를 만들 때,
딸기 탕후루에 사용한 설탕은 모두 몇 g일까?

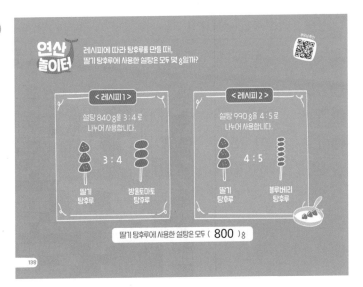

< 레시피 1 >

설탕 840 g을 3 : 4 로
나누어 사용합니다.

3 : 4

딸기
탕후루

방울토마토
탕후루

< 레시피 2 >

설탕 990 g을 4 : 5 로
나누어 사용합니다.

4 : 5

딸기
탕후루

블루베리
탕후루

딸기 탕후루에 사용한 설탕은 모두 (800) g

❶ 57 ❷ 6 ❸ 32 ❹ 18 ❺ 8

❻ 15 ❼ 5 ❽ 39 ❾ 2.3 ❿ 0.15

⓫ 1.8 ⓬ 3.4 ⓭ 1.3 ⓮ 6.8 ⓯ 20.9

⓰ 1.2 ⓱ 25 ⓲ 32 ⓳ 15 ⓴ 25

㉑ 25 ㉒ 20 ㉓ 20 ㉔ 24

㉕ 5 / 5.3 / 5.25 ㉖ 3 / 3.4 / 3.4

㉗ 9 / 1.9 ㉘ 3 / 0.25

㉙ 4 / 13.8 ㉚ 22 / 1.14

㉛ $2.1\left(=2\dfrac{1}{10}\right)$ ㉜ $7.5\left(=7\dfrac{1}{2}\right)$ ㉝ 3

㉞ $19.5\left(=19\dfrac{1}{2}\right)$ ㉟ $0.15\left(=\dfrac{3}{20}\right)$ ㊱ $6\dfrac{6}{7}$

연산 실력 점검하기

① 3, 8   **②** 5, 2   **③** 2, 5   **④** 9, 7   **⑤** 11, 5

⑥ 4, 3   **⑦** 2, 3   **⑧** 1, 7   **⑨** 6, 1   **⑩** 25, 12

⑪ 4, 9   **⑫** 7, 8   **⑬** 9, 14   **⑭** 4, 15   **⑮** 64, 15

⑯ 2 : 1   **⑰** 4 : 15   **⑱** 5 : 3   **⑲** 36 : 65   **⑳** 3 : 2

㉑ 3 : 10   **㉒** 1 : 4   **㉓** 2 : 9   **㉔** 5 : 2   **㉕** 8

㉖ 9   **㉗** 12   **㉘** 16   **㉙** 11   **㉚** 0.4

㉛ 5   **㉜** 1   **㉝** $\dfrac{7}{9}$ **㉞** $\dfrac{2}{3}$ **㉟** 6.5

㊱ 4   **㊲** $\dfrac{3}{5}$ **㊳** 24   **㊴** 8, 6   **㊵** 35, 28

㊶ 15, 55   **㊷** 36, 56   **㊸** 72, 54   **㊹** 64, 80

❶ 114　　❷ 29　　❸ 14　　❹ 25　　❺ 0.45

❻ 1.2　　❼ 1.6　　❽ 0.9　　❾ 15　　❿ 12

⓫ 12　　⓬ 25　　⓭ 3 / 2.7 / 2.68

⓮ 4 / 4.3 / 4.33　　⓯ 11 / 2.7

⓰ 5 / 2.36　　⓱ $\dfrac{4}{15}$　　⓲ 40　　⓳ $2\dfrac{2}{3}$

⓴ $1.1\left(=1\dfrac{1}{10}\right)$　　㉑ 8, 5　　㉒ 5, 16　　㉓ 7, 25

㉔ 5, 1　　㉕ 11　　㉖ 16　　㉗ $\dfrac{2}{7}$　　㉘ 1.35

㉙ 36, 27　　㉚ 99, 176

㉛ 40, 45　　㉜ 65, 70

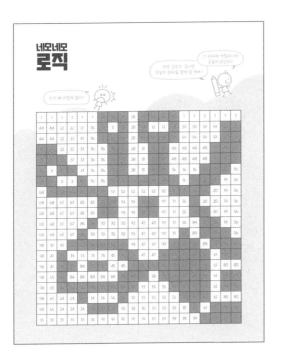

3

단계별 학습이 끝나면
재미있는 놀이 연산으로 연산 실력을 UP!

연산 놀이터

동물들이 음료수를 컵에 나누어 담으려고 해.
각각 컵에 음료수를 가득 따를 때, 컵이 몇 개씩 필요한지 그려 봐.

부모님 확인

음료수 2.4 L

0.4L

"컵( )개가 필요해. 찍찍."

음료수 2.4 L

0.8L

"컵( )개가 필요해. 뿌우."

1~6단계, 7~9단계, 1~9단계 범위에 따라
연산 실력을 점검해 봐요.

범위 1단계 ~ 6단계

연산 실력 점검하기

맞힌 개수: /36
걸린 시간: /분

01
$0.5\overline{)28.5}$

02
$0.49\overline{)2.94}$

11
$0.54\overline{)0.972}$

03
$2.4\overline{)76.8}$

04
$5.14\overline{)92.52}$

12
$1.79\overline{)6.086}$

05 $11.2 \div 1.4$

13 $1.82 \div 1.4$

06 $97.5 \div 6.5$

14 $25.16 \div 3.7$

07 $6.75 \div 1.35$

15 $1.463 \div 0.07$

08 $42.51 \div 1.09$

16 $5.112 \div 4.26$

09
$2.5\overline{)5.75}$

10
$3.2\overline{)0.48}$

17
$1.2\overline{)30}$

18
$0.25\overline{)8}$

권별 학습 내용

1-1	2-1	3-1
수를 모으고 가르기	받아올림이 한 번 있는 (두 자리 수)+(두 자리 수)	(몇십)×(몇)
합이 9까지인 덧셈	받아올림이 두 번 있는 (두 자리 수)+(두 자리 수)	올림이 없는 (두 자리 수)×(한 자리 수)
한 자리 수의 뺄셈	받아내림이 있는 (두 자리 수)-(두 자리 수)	십의 자리에서 올림이 있는 (두 자리 수)×(한 자리 수)
덧셈과 뺄셈의 관계	덧셈식, 뺄셈식에서 □의 값 구하기	일의 자리에서 올림이 있는 (두 자리 수)×(한 자리 수)
세 수의 덧셈과 뺄셈	같은 수를 여러 번 더하기	올림이 두 번 있는 (두 자리 수)×(한 자리 수)
(몇십)+(몇), (몇)+(몇십)	2단, 5단 곱셈구구	올림이 없는 (세 자리 수)×(한 자리 수)
(몇십몇)+(몇), (몇십몇)-(몇)	3단, 6단 곱셈구구	올림이 한 번 있는 (세 자리 수)×(한 자리 수)
(몇십)+(몇십), (몇십)-(몇십)	4단, 8단 곱셈구구	올림이 여러 번 있는 (세 자리 수)×(한 자리 수)
(몇십몇)+(몇십몇), (몇십몇)-(몇십몇)	7단, 9단 곱셈구구	나눗셈의 기초
		나눗셈의 몫 구하기

1-2	2-2	3-2
10을 모으고 가르기	곱셈구구 종합	(몇십)×(몇십), (몇십몇)×(몇십)
10이 되는 더하기, 10에서 빼기	받아올림이 없는 (세 자리 수)+(세 자리 수)	올림이 한 번 있는 (몇십몇)×(몇십몇)
두 수의 합이 10인 세 수의 덧셈	받아올림이 한 번 있는 (세 자리 수)+(세 자리 수)	올림이 여러 번 있는 (몇십몇)×(몇십몇)
받아올림이 있는 (몇)+(몇)	받아올림이 두 번 있는 (세 자리 수)+(세 자리 수)	(몇십)÷(몇), (몇백몇십)÷(몇)
두 수의 차가 10인 세 수의 뺄셈	받아올림이 세 번 있는 (세 자리 수)+(세 자리 수)	내림이 없고 나머지가 없는 (두 자리 수)÷(한 자리 수)
받아내림이 있는 (십몇)-(몇)	받아내림이 없는 (세 자리 수)-(세 자리 수)	내림이 있고 나머지가 없는 (두 자리 수)÷(한 자리 수)
덧셈과 뺄셈의 관계	받아내림이 한 번 있는 (세 자리 수)-(세 자리 수)	내림이 없고 나머지가 있는 (두 자리 수)÷(한 자리 수)
받아올림이 있는 (몇십몇)+(몇)	받아내림이 두 번 있는 (세 자리 수)-(세 자리 수)	내림이 있고 나머지가 있는 (두 자리 수)÷(한 자리 수)
받아내림이 있는 (몇십몇)-(몇)		백의 자리부터 몫을 구하는 (세 자리 수)÷(한 자리 수)
세 수의 덧셈과 뺄셈		백의 자리 수가 나누는 수보다 작은 (세 자리 수)÷(한 자리 수)

4 - 1	5 - 1	6 - 1
(몇백)×(몇십), (몇십)×(몇백)	덧셈과 뺄셈, 곱셈과 나눗셈이 섞여 있는 식	(자연수)÷(자연수), (진분수)÷(자연수)
(세 자리 수)×(몇십)	괄호가 없는 자연수의 혼합 계산	곱셈으로 계산하는 (진분수)÷(자연수)
(세 자리 수)×(두 자리 수)	괄호가 있는 자연수의 혼합 계산	(가분수)÷(자연수), (대분수)÷(자연수)
(몇백몇십)÷(몇십)	약수와 공약수, 배수와 공배수	(진분수)÷(진분수)
(두 자리 수)÷(몇십)	공약수와 최대공약수	(자연수)÷(진분수)
(세 자리 수)÷(몇십)	공배수와 최소공배수	(가분수)÷(진분수), (대분수)÷(진분수)
(두 자리 수)÷(두 자리 수)	약분과 통분	각 자리에서 나누어떨어지지 않는 (소수)÷(자연수)
몫이 한 자리 수인 (세 자리 수)÷(두 자리 수)	분모가 다른 진분수의 덧셈	0을 내리거나 몫에 0이 포함된 (소수)÷(자연수)
몫이 두 자리 수인 (세 자리 수)÷(두 자리 수)	분모가 다른 대분수의 덧셈	몫이 소수인 (자연수)÷(자연수)
	분모가 다른 진분수의 뺄셈	비와 비율
	분모가 다른 대분수의 뺄셈	백분율

4 - 2	5 - 2	6 - 2
대분수를 가분수로, 가분수를 대분수로 나타내기	어림하기	자릿수가 같은 (소수)÷(소수)
진분수의 덧셈	(분수)×(자연수)	자릿수가 다른 (소수)÷(소수)
대분수의 덧셈	(자연수)×(분수)	(자연수)÷(소수)
진분수의 뺄셈	(진분수)×(진분수)	몫을 반올림하여 나타내기
받아내림이 없는 대분수의 뺄셈	(대분수)×(대분수)	나누어 주고 남는 양
(자연수)−(분수)	세 분수의 곱셈	자연수, 분수, 소수의 혼합 계산
받아내림이 있는 대분수의 뺄셈	소수와 자연수의 곱셈	간단한 자연수의 비로 나타내기
자릿수가 같은 소수의 덧셈	(소수)×(소수)	비례식
자릿수가 다른 소수의 덧셈	분수와 소수의 혼합 계산	비례배분
자릿수가 같은 소수의 뺄셈		
자릿수가 다른 소수의 뺄셈		

48일 완성, 연산 지도법

단계	공부 내용	이렇게 지도해요	공부 날	쪽수
1 단계	자릿수가 같은 (소수)÷(소수)	(소수)÷(소수)에서 가장 중요한 것은 나누는 수를 자연수로 만들어 계산하는 것입니다. (소수)÷(소수)를 자연수의 나눗셈 또는 분수의 나눗셈으로 바꿔 계산해 보며 몫이 변하지 않음을 이해하고, 같은 자리만큼씩 소수점을 옮겨 세로로 계산하는 방법과 연결 지어 생각할 수 있도록 지도해 주세요. 그리고 옮긴 소수점의 위치에 몫의 소수점을 바르게 찍을 수 있도록 충분히 연습합니다.	DAY 1	10 쪽
			DAY 2	12 쪽
			DAY 3	14 쪽
			DAY 4	16 쪽
			DAY 5	18 쪽
			DAY 6	20 쪽
2 단계	자릿수가 다른 (소수)÷(소수)		DAY 7	26 쪽
			DAY 8	28 쪽
			DAY 9	30 쪽
			DAY 10	32 쪽
			DAY 11	34 쪽
			DAY 12	36 쪽
3 단계	(자연수)÷(소수)	(자연수)÷(소수)를 분수의 나눗셈과 자연수의 나눗셈으로 풀어 보며 나누는 수와 나누어지는 수의 변화와 몫 사이의 관계를 비교해 봅니다. 그리고 '나누는 수와 나누어지는 수의 소수점을 똑같이 옮긴다.'는 핵심 원리와 연결 지어 생각할 수 있도록 지도해 주세요.	DAY 13	42 쪽
			DAY 14	44 쪽
			DAY 15	46 쪽
			DAY 16	48 쪽
			DAY 17	50 쪽
			DAY 18	52 쪽
4 단계	몫을 반올림하여 나타내기	나누어떨어지지 않거나 몫이 간단한 소수로 구해지지 않는 경우 몫을 어림하여 나타낼 수 있음을 이해합니다. 몫을 반올림하여 근삿값으로 나타내어 보면서 소수점 낮은 자리까지 어림할수록 실젯값에 가까워짐을 느낄 수 있도록 지도해 주세요.	DAY 19	58 쪽
			DAY 20	60 쪽
			DAY 21	62 쪽
			DAY 22	64 쪽
			DAY 23	66 쪽

단계	공부 내용	이렇게 지도해요	공부 날	쪽수
5 단계	나누어 주고 남는 양	소수의 나눗셈 상황에서 나누어 주는 사람의 수가 묶인 경우 자연수 부분까지 구해야 함을 이해하고, 남는 수(양)를 구할 때 소수점을 빠뜨리지 않도록 충분히 연습합니다.	DAY 24	72 쪽
			DAY 25	74 쪽
			DAY 26	76 쪽
			DAY 27	78 쪽
			DAY 28	80 쪽
6 단계	자연수, 분수, 소수의 혼합 계산	자연수의 혼합 계산과 순서는 같으나 분수를 소수로, 소수를 분수로 바꿔야 할지를 판단하는 것이 중요합니다. 먼저 계산 순서를 표시한 다음 식을 보고 계산 과정을 미리 예상하여 알맞게 수를 바꿔 계산할 수 있도록 충분히 연습합니다.	DAY 29	86 쪽
			DAY 30	88 쪽
			DAY 31	90 쪽
			DAY 32	92 쪽
			DAY 33	94 쪽
7 단계	간단한 자연수의 비로 나타내기	먼저 '비의 성질'을 이용하여 비율이 같은 여러 가지 자연수의 비로 다양하게 나타내어 봅니다. 이후 큰 수 또는 분수, 소수로 나타낸 비를 간단한 자연수의 비로 나타내어 보며 두 양의 크기를 보다 쉽게 비교할 수 있음을 알려 주세요.	DAY 34	100 쪽
			DAY 35	102 쪽
			DAY 36	104 쪽
			DAY 37	106 쪽
			DAY 38	108 쪽
			DAY 39	110 쪽
8 단계	비례식	비율이 같은 두 비를 등호(=)를 사용하여 나타낸 비례식에 대해 이해하고, 비례식의 성질을 익혀봅니다. 이후 비례식의 성질 또는 비의 성질을 이용하여 비례식에서 □의 값을 능숙하게 구할 수 있도록 충분히 연습합니다.	DAY 40	116 쪽
			DAY 41	118 쪽
			DAY 42	120 쪽
			DAY 43	122 쪽
			DAY 44	124 쪽
9 단계	비례배분	비례배분은 실생활에서 자주 등장하지만 용어 자체를 어렵게 느낄 수 있습니다. 먼저 그림이나 예시를 사용하여 설명한 후에 비례배분하는 방법을 익히고 능숙하게 계산할 수 있도록 지도해 주세요.	DAY 45	130 쪽
			DAY 46	132 쪽
			DAY 47	134 쪽
			DAY 48	136 쪽

01

자릿수가 같은 (소수)÷(소수)

이번에는 무엇을 배울까?

백분율

자릿수가 같은
(소수)÷(소수)

자릿수가 다른
(소수)÷(소수)

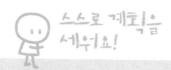

❶ 먼저 설명해 주세요.

나누는 수가 소수인 나눗셈으로 확장하여 배우는 단계입니다. (소수)÷(소수)에서 가장 중요한 것은 나누는 수를 자연수로 만들어 계산하는 것이므로 이를 그림과 말로 풀어내었습니다. 소수점을 같은 자리만큼씩 오른쪽으로 옮겨 자연수의 나눗셈으로 계산해 보며 소수의 나눗셈의 원리를 이해하고, 계산 방법까지 익힐 수 있도록 합니다.

❷ 수를 이해하며 계산해요.

Day1 ~ Day2에서 자릿수가 같은 (소수)÷(소수)를 자연수의 나눗셈 또는 분수의 나눗셈으로 바꿔 보며 세로셈의 계산 원리를 이해합니다.

❸ 충분히 연습해요.

Day3 ~ Day6의 문제 풀이를 통해 자릿수가 같은 (소수)÷(소수)를 충분히 연습하여 자릿수가 다른 (소수)÷(소수)의 계산을 대비합니다.

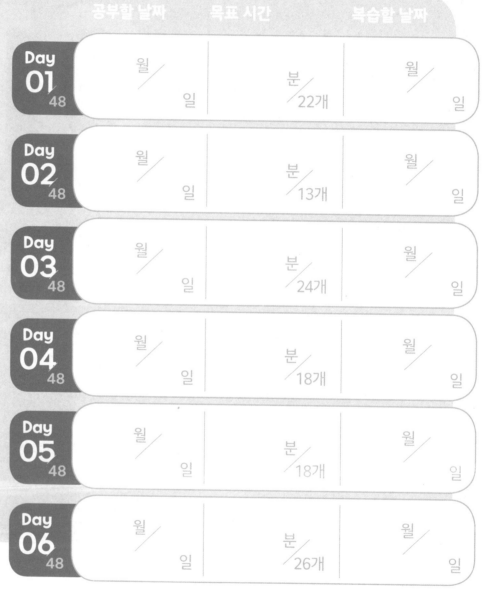

공부할 날짜	목표 시간	복습할 날짜
Day 01 48	월 / 일	분 / 22개	월 / 일
Day 02 48	월 / 일	분 / 13개	월 / 일
Day 03 48	월 / 일	분 / 24개	월 / 일
Day 04 48	월 / 일	분 / 18개	월 / 일
Day 05 48	월 / 일	분 / 18개	월 / 일
Day 06 48	월 / 일	분 / 26개	월 / 일

선생님의 칠판

포장 끈 1.6 m를 0.4 m씩 자르면 몇 조각일까?

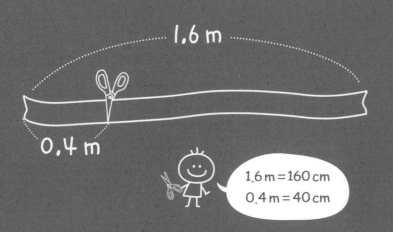

1.6 m = 160 cm
0.4 m = 40 cm

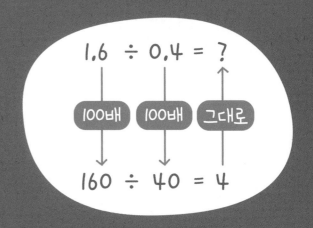

1.6 ÷ 0.4 = ?

| 100배 | 100배 | 그대로 |

160 ÷ 40 = 4

자릿수가 같은 (소수)÷(소수)는 어떻게 계산할까?

✿에는 10, 100, 1000 등이 들어갈 수 있어.

(소수) ÷ (소수) = 몫

| ✿배 | ✿배 | 그대로 |

(자연수) ÷ (자연수) = 몫

Day 01

나누어지는 수와 나누는 수를
똑같이 10배 또는 100배 하여
자연수의 나눗셈으로 계산해.

나누어지는 수와 나누는 수에
같은 수를 곱하면 몫은 변하지 않아.

❶ 0.6 ÷ 0.3 = ☐

10배   10배

6 ÷ 3 = 2

소수를 10배 하면 소수점이
오른쪽으로 한 자리 이동하지!

❷ 1.6 ÷ 0.4 = ☐

10배   10배

16 ÷ 4 = ☐

❸ 2.8 ÷ 0.7 = ☐

10배   10배

28 ÷ 7 = ☐

❹ 8.4 ÷ 1.2 = ☐

10배   10배

84 ÷ 12 = ☐

❺ 7.2 ÷ 2.4 = ☐

10배   10배

72 ÷ 24 = ☐

❻ 10.5 ÷ 1.5 = ☐

10배   10배

105 ÷ 15 = ☐

❼ 16.8 ÷ 2.1 = ☐

10배   10배

168 ÷ 21 = ☐

❽ 17.6 ÷ 1.6 = ☐

10배   10배

176 ÷ 16 = ☐

❾ 26.4 ÷ 2.2 = ☐

10배   10배

264 ÷ 22 = ☐

❿ 25.6 ÷ 0.8 = ☐

10배   10배

256 ÷ 8 = ☐

⓫ 37.7 ÷ 2.9 = ☐

10배   10배

377 ÷ 29 = ☐

⑫ 0.08 ÷ 0.02 = ☐

100배   100배

8 ÷ 2 = ☐

↰ 소수를 100배 하면 소수점이
오른쪽으로 두 자리 이동해!

⑬ 0.21 ÷ 0.07 = ☐

100배   100배

21 ÷ 7 = ☐

⑭ 0.63 ÷ 0.09 = ☐

100배   100배

63 ÷ 9 = ☐

⑮ 0.88 ÷ 0.11 = ☐

100배   100배

88 ÷ 11 = ☐

⑯ 0.98 ÷ 0.14 = ☐

100배   100배

98 ÷ 14 = ☐

⑰ 1.15 ÷ 0.23 = ☐

100배   100배

115 ÷ 23 = ☐

⑱ 1.92 ÷ 0.32 = ☐

100배   100배

192 ÷ 32 = ☐

⑲ 3.05 ÷ 0.61 = ☐

100배   100배

305 ÷ 61 = ☐

⑳ 5.12 ÷ 1.28 = ☐

100배   100배

512 ÷ 128 = ☐

㉑ 4.32 ÷ 2.16 = ☐

100배   100배

432 ÷ 216 = ☐

㉒ 7.29 ÷ 2.43 = ☐

100배   100배

729 ÷ 243 = ☐

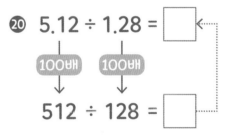

공부 끝!

맞힌 개수

/22개

부모님 확인

오늘의 숫자 15에 색칠하세요.

Day 02

소수의 나눗셈은 분수의 나눗셈으로 바꿀 수 있어.

❶ $3.6 ÷ 0.4 = \dfrac{36}{10} ÷ \dfrac{4}{10} = 36 ÷ 4 = \boxed{}$

분모가 같으니 분자끼리 나눠.

소수 한 자리 수는 분모가 10인 분수로 바꿀 수 있어.

❷ $2.7 ÷ 0.3 = \dfrac{27}{10} ÷ \dfrac{3}{10} = 27 ÷ \boxed{} = \boxed{}$

❸ $8.4 ÷ 1.2 = \dfrac{84}{10} ÷ \dfrac{\boxed{}}{10} = 84 ÷ \boxed{} = \boxed{}$

❹ $3.9 ÷ 1.3 = \dfrac{\boxed{}}{10} ÷ \dfrac{13}{10} = \boxed{} ÷ \boxed{} = \boxed{}$

❺ $4.5 ÷ 0.9 = \dfrac{\boxed{}}{10} ÷ \dfrac{\boxed{}}{10} = \boxed{} ÷ \boxed{} = \boxed{}$

❻ $14.7 ÷ 2.1 = \dfrac{147}{10} ÷ \dfrac{21}{10} = 147 ÷ \boxed{} = \boxed{}$

❼ $39.2 ÷ 2.8 = \dfrac{392}{10} ÷ \dfrac{28}{10} = \boxed{} ÷ \boxed{} = \boxed{}$

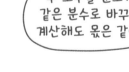

두 소수를 분모가 같은 분수로 바꾸어 계산해도 몫은 같아!

❽ $16.5 ÷ 1.5 = \dfrac{\boxed{}}{10} ÷ \dfrac{\boxed{}}{10} = \boxed{} ÷ \boxed{} = \boxed{}$

분모가 같으니 분자끼리 나눠.

❾ $0.08 ÷ 0.04 = \dfrac{8}{100} ÷ \dfrac{4}{100} = 8 ÷ \boxed{} = \boxed{}$

소수 두 자리 수는 분모가 100인 분수로 바꿀 수 있어.

❿ $0.92 ÷ 0.23 = \dfrac{\boxed{}}{100} ÷ \dfrac{23}{100} = \boxed{} ÷ \boxed{} = \boxed{}$

⓫ $1.86 ÷ 0.62 = \dfrac{186}{100} ÷ \dfrac{\boxed{}}{100} = \boxed{} ÷ \boxed{} = \boxed{}$

분수로 바꾸어 계산하니 (소수)÷(소수)도 어렵지 않아!

⓬ $12.24 ÷ 1.36 = \dfrac{\boxed{}}{100} ÷ \dfrac{\boxed{}}{100} = \boxed{} ÷ \boxed{} = \boxed{}$

⓭ $15.24 ÷ 1.27 = \dfrac{\boxed{}}{100} ÷ \dfrac{\boxed{}}{100} = \boxed{} ÷ \boxed{} = \boxed{}$

공부 끝!

맞힌 개수

부모님 확인

/13개

오늘의 숫자 **23**에 색칠하세요.

13

자릿수가 같은 (소수) ÷ (소수)

Day 03

소수점을 오른쪽으로
한 자리씩 똑같이 옮겨 봐.

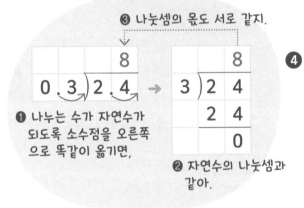

❸ 나눗셈의 몫도 서로 같지.

$$0.3\,)\,2.4 \rightarrow 3\,)\,24$$

❶ 나누는 수가 자연수가
되도록 소수점을 오른쪽
으로 똑같이 옮기면,

❷ 자연수의 나눗셈과
같아.

❶ $0.9\,)\,4.5$

❷ 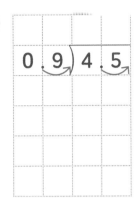 $0.5\,)\,28.5$

❸ 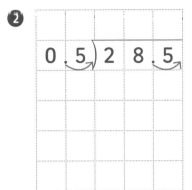 $2.6\,)\,85.8$

❹ 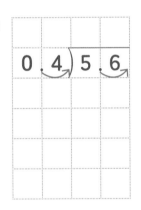 $0.4\,)\,5.6$

❺ 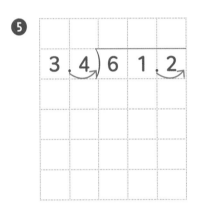 $3.4\,)\,61.2$

❻ $1.8\,)\,34.2$

❼ 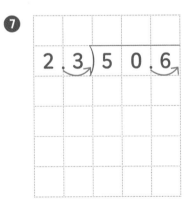 $2.3\,)\,50.6$

❽ 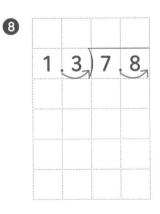 $1.3\,)\,7.8$

❾ 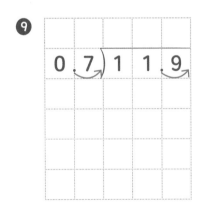 $0.7\,)\,11.9$

❿ 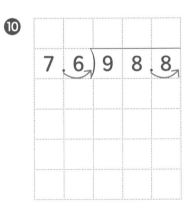 $7.6\,)\,98.8$

14

소수점을 오른쪽으로 한 자리씩 옮기는 것은 나누는 수와 나누어지는 수를 10배 한 것과 같아.

⑪ $0.2\overline{)1.2}$

⑫ $0.6\overline{)4.8}$

⑬ $1.7\overline{)5.1}$

⑭ $2.7\overline{)13.5}$

⑮ $6.3\overline{)56.7}$

⑯ $0.5\overline{)6.5}$

⑰ $4.3\overline{)51.6}$

⑱ $0.3\overline{)8.1}$

⑲ $0.4\overline{)9.2}$

⑳ $3.8\overline{)60.8}$

㉑ $2.4\overline{)33.6}$

㉒ $1.9\overline{)47.5}$

㉓ $0.8\overline{)65.6}$

㉔ $3.2\overline{)38.4}$

공부 끝!

맞힌 개수

/24개

부모님 확인

오늘의 숫자 **57**에 색칠하세요.

Day 04

소수점을 오른쪽으로 두 자리씩 똑같이 옮겨 봐.

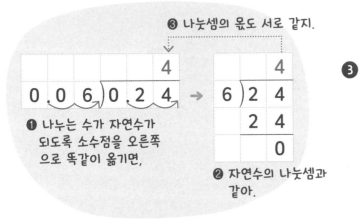

❸ 나눗셈의 몫도 서로 같지.

❶ 나누는 수가 자연수가 되도록 소수점을 오른쪽으로 똑같이 옮기면,

❷ 자연수의 나눗셈과 같아.

❶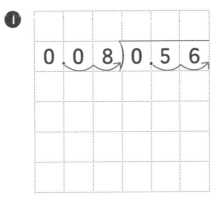

❷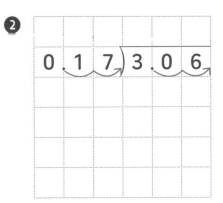

❸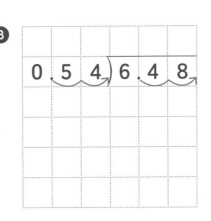

❹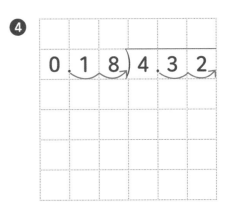

❺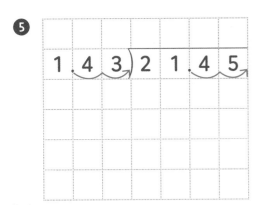

❻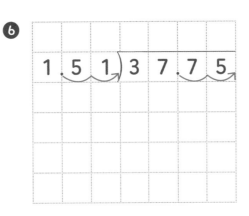

❼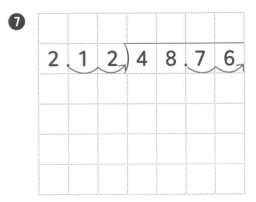

⑧
$$0.06 \overline{)0.36}$$

⑨
$$0.42 \overline{)1.26}$$

⑩
$$1.76 \overline{)42.24}$$

⑪
$$1.25 \overline{)6.25}$$

⑫
$$0.18 \overline{)2.52}$$

⑬
$$3.54 \overline{)60.18}$$

⑭
$$0.23 \overline{)3.45}$$

⑮
$$2.47 \overline{)39.52}$$

⑯
$$3.19 \overline{)89.32}$$

⑰
$$0.58 \overline{)6.96}$$

⑱
$$1.82 \overline{)23.66}$$

공부 끝!

맞힌 개수

부모님 확인

/18개

오늘의 숫자 **78**에 색칠하세요.

Day 05

↳ 표시로 나누는 수와 나누어지는 수의 소수점을 오른쪽으로 똑같이 옮긴 후 계산해.

① $0.4\overline{)3.2}$

② $0.45\overline{)3.15}$

③ $3.6\overline{)25.2}$

④ $0.74\overline{)17.76}$

⑤ $6.5\overline{)32.5}$

⑥ $8.3\overline{)265.6}$

⑦ $3.46\overline{)48.44}$

⑧ $6.37\overline{)89.18}$

⑨ $7.8\overline{)93.6}$

⑩ $3.4\overline{)47.6}$

⑪ $4.29\overline{)150.15}$

⑫ 5.4 ÷ 0.9 =

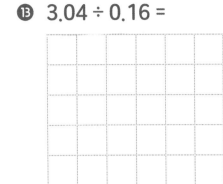

소수점을 옮기는 게
먼저야!

⑬ 3.04 ÷ 0.16 =

⑭ 45.9 ÷ 1.7 =

⑮ 3.15 ÷ 0.35 =

⑯ 44.8 ÷ 3.2 =

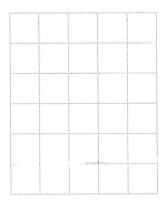

⑰ 284.8 ÷ 8.9 =

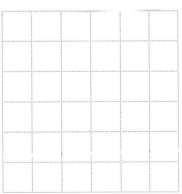

⑱ 13.44 ÷ 3.36 =

공부 끝!

맞힌 개수

부모님 확인

/18개

오늘의 숫자 **2**에 색칠하세요.

Day

06

나누는 수와 나누어지는
수의 소수점 위치가
같으면 자연수의
나눗셈과 같아.

❶ 1.2$\overline{)1\,0.8}$

❷ 1.6 3$\overline{)2\,9.3\,4}$

❸ 2.1 4$\overline{)4\,7.0\,8}$

❹ 1.1 2$\overline{)6.7\,2}$

❺ 2.5$\overline{)2\,7.5}$

❻ 5.1$\overline{)1\,3\,7.7}$

❼ 3.0 8$\overline{)5\,5.4\,4}$

❽ 2.3 4$\overline{)9.3\,6}$

❾ 4.7$\overline{)7\,5.2}$

❿ 5.8 3$\overline{)1\,2\,2.4\,3}$

⓫ 6.9$\overline{)2\,9\,6.7}$

⑫ 17.6 ÷ 1.6

⑬ 25.95 ÷ 1.73

⑭ 31.85 ÷ 2.45

⑮ 6.3 ÷ 2.1

⑯ 51.3 ÷ 5.7

⑰ 65.12 ÷ 4.07

⑱ 224.13 ÷ 7.23

⑲ 54.8 ÷ 0.4

자릿수가 같은 (소수) ÷ (소수)

⑳ 17.6 ÷ 2.2

㉑ 3.29 ÷ 0.47

㉒ 16.5 ÷ 1.5

㉓ 100.7 ÷ 5.3

㉔ 137.6 ÷ 4.3

㉕ 84.76 ÷ 3.26

㉖ 156.25 ÷ 6.25

공부 끝!

맞힌 개수

부모님 확인

/26개

오늘의 숫자 83에 색칠하세요.

동물들이 음료수를 컵에 나누어 담으려고 해.
각각 컵에 음료수를 가득 따를 때, 컵이 몇 개씩 필요한지 그려 봐.

음료수
2.4 L

0.4L

"컵 (   )개가 필요해. 찍찍."

음료수
2.4 L

0.8L

"컵 (   )개가 필요해. 뿌우."

02

자릿수가 다른 (소수)÷(소수)

이번에는 무엇을 배울까?

자릿수가 같은
(소수)÷(소수)

자릿수가 다른
(소수)÷(소수)

(자연수)÷(소수)

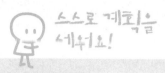

스스로 계획을 세워요!

① 먼저 설명해 주세요.

자릿수가 다른 (소수)÷(소수)의 내용을 그림과 말로 풀어 내었습니다. 아이와 함께 따라 읽어 보면서 나누는 수와 나누어지는 수에 똑같이 10배 또는 100배를 하여 계산 해도 몫이 변하지 않음을 이해하고, 소수점을 오른쪽으로 똑같이 옮겨 세로로 계산하는 방법과 연결 지어 생각할 수 있도록 합니다.

② 수를 이해하며 계산해요.

설명과 이어지는 Day7에서
자릿수가 다른 (소수)÷(소수)를 (소수)÷(자연수)로 바꿔 보며 재미있게 문제를 풉니다.

③ 충분히 연습해요.

Day8 ~ Day12의 문제 풀이를 통해 몫의 소수점을 바르게 찍는 연습을 충분히 하여 자릿수가 다른 (소수)÷(소수)의 기초를 다집니다.

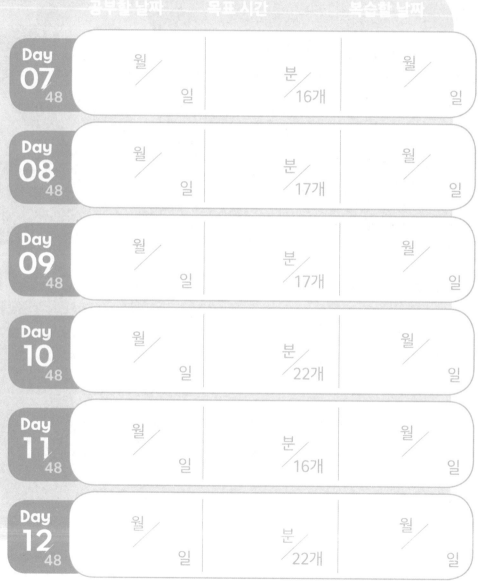

	공부한 날짜	목표 시간	복습한 날짜
Day 07 48	월 / 일	분 / 16개	월 / 일
Day 08 48	월 / 일	분 / 17개	월 / 일
Day 09 48	월 / 일	분 / 17개	월 / 일
Day 10 48	월 / 일	분 / 22개	월 / 일
Day 11 48	월 / 일	분 / 16개	월 / 일
Day 12 48	월 / 일	분 / 22개	월 / 일

선생님의 칠판

(소수 두 자리 수)÷(소수 한 자리 수)는 어떻게 계산할까?

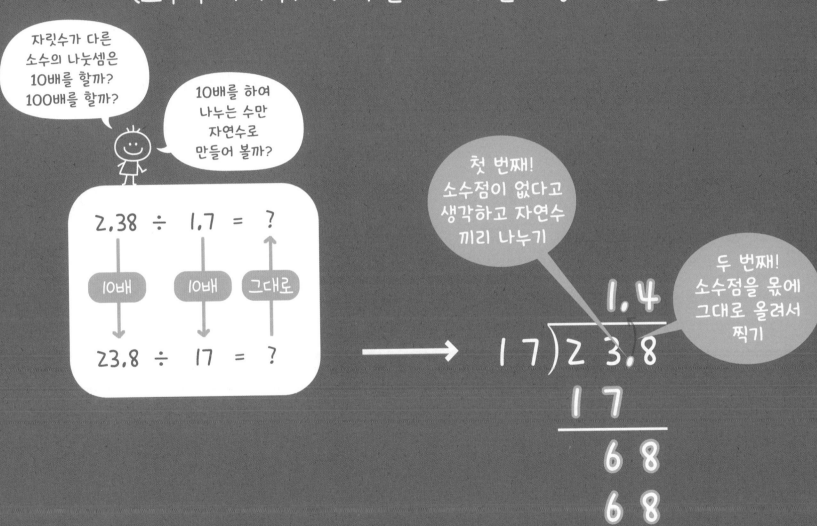

자릿수가 다른 소수의 나눗셈은 10배를 할까? 100배를 할까?

10배를 하여 나누는 수만 자연수로 만들어 볼까?

첫 번째! 소수점이 없다고 생각하고 자연수끼리 나누기

두 번째! 소수점을 몫에 그대로 올려서 찍기

2.38 ÷ 1.7 = ?

10배 · 10배 · 그대로

23.8 ÷ 17 = ?

자릿수가 다른 (소수)÷(소수)

Day 07

나누는 수와 나누어지는 수를
똑같이 10배 또는 100배를
해도 몫은 변하지 않아.

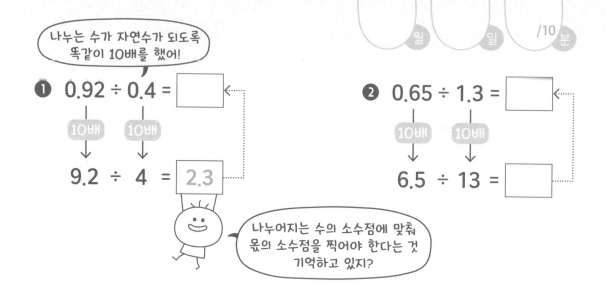

나누는 수가 자연수가 되도록
똑같이 10배를 했어!

❶ 0.92 ÷ 0.4 = ☐

  10배   10배

  9.2 ÷ 4 = 2.3

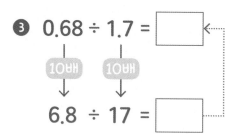

나누어지는 수의 소수점에 맞춰
몫의 소수점을 찍어야 한다는 것
기억하고 있지?

❷ 0.65 ÷ 1.3 = ☐

  10배   10배

  6.5 ÷ 13 = ☐

❸ 0.68 ÷ 1.7 = ☐

  10배   10배

  6.8 ÷ 17 = ☐

❹ 4.86 ÷ 1.8 = ☐

  10배   10배

  48.6 ÷ 18 = ☐

❺ 1.89 ÷ 2.7 = ☐

  10배   10배

  18.9 ÷ 27 = ☐

❻ 5.75 ÷ 2.3 = ☐

  10배   10배

  57.5 ÷ 23 = ☐

❼ 5.28 ÷ 3.3 = ☐

  10배   10배

  52.8 ÷ 33 = ☐

❽ 2.28 ÷ 0.6 = ☐

  10배   10배

  22.8 ÷ 6 = ☐

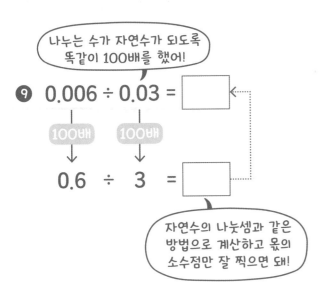

❾ 0.006 ÷ 0.03 = ☐

나누는 수가 자연수가 되도록 똑같이 100배를 했어!

100배 → 100배 →

0.6 ÷ 3 = ☐

자연수의 나눗셈과 같은 방법으로 계산하고 몫의 소수점만 잘 찍으면 돼!

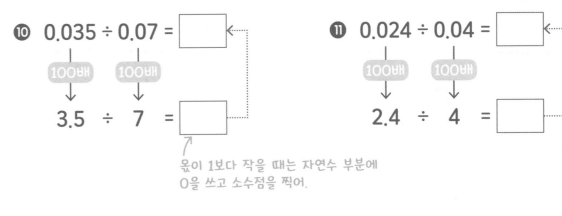

❿ 0.035 ÷ 0.07 = ☐

100배 → 100배 →

3.5 ÷ 7 = ☐

몫이 1보다 작을 때는 자연수 부분에 0을 쓰고 소수점을 찍어.

⓫ 0.024 ÷ 0.04 = ☐

100배 → 100배 →

2.4 ÷ 4 = ☐

⓬ 0.288 ÷ 0.16 = ☐

100배 → 100배 →

28.8 ÷ 16 = ☐

⓭ 0.475 ÷ 0.25 = ☐

100배 → 100배 →

47.5 ÷ 25 = ☐

⓮ 1.541 ÷ 0.67 = ☐

100배 → 100배 →

154.1 ÷ 67 = ☐

⓯ 1.236 ÷ 1.03 = ☐

100배 → 100배 →

123.6 ÷ 103 = ☐

⓰ 1.742 ÷ 1.34 = ☐

100배 → 100배 →

174.2 ÷ 134 = ☐

공부 끝!

맞힌 개수

부모님 확인

/16개

오늘의 숫자 **99**에 색칠하세요.

Day 08

자릿수가 다르면
나누는 수가 자연수가 되도록
소수점을 오른쪽으로
한 자리씩 이동해.

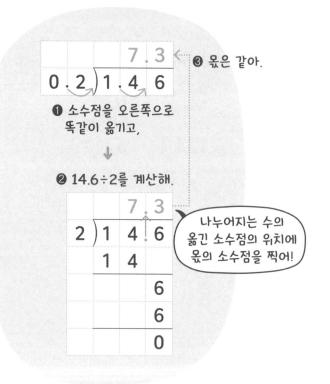

❸ 몫은 같아.

```
      7.3
0.2)1.4 6
```

❶ 소수점을 오른쪽으로
똑같이 옮기고,

↓

❷ 14.6÷2를 계산해.

```
      7.3
2)1 4.6
  1 4
      6
      6
      0
```

나누어지는 수의
옮긴 소수점의 위치에
몫의 소수점을 찍어!

❶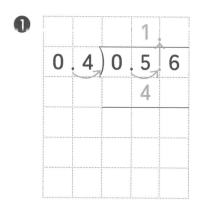

```
        1
0.4)0.5 6
        4
```

❷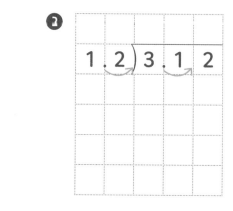

```
1.2)3.1 2
```

❸

```
1.8)2.5 2
```

❹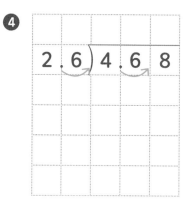

```
2.6)4.6 8
```

❺

```
3.9)1 0.5 3
```

❻

```
4.5)1 7.5 5
```

❼

$$1.$$
$$0.5) \overline{0.7 \, 5}$$
$$5$$

표시로 소수점을 옮기고, 몫의 소수점을 찍어 봐.

❽

$$0.$$
$$3.1) \overline{2.4 \, 8}$$

❾

$$1.8) \overline{6.1 \, 2}$$

❿

$$4.2) \overline{9.2 \, 4}$$

⓫

$$5.8) \overline{5.2 \, 2}$$

⓬

$$2.6) \overline{1 \, 4.5 \, 6}$$

⓭

$$5.3) \overline{1 \, 8.0 \, 2}$$

⓮

$$11.2) \overline{4 \, 0.3 \, 2}$$

⓯

$$2 \, 0.3) \overline{9 \, 1.3 \, 5}$$

⓰

$$12.1) \overline{1 \, 6.9 \, 4}$$

⓱

$$2 \, 4.3) \overline{3 \, 1.5 \, 9}$$

공부 끝!

맞힌 개수

부모님 확인

/17개

오늘의 숫자 **46**에 색칠하세요.

Day 09

자릿수가 다르면
나누는 수가 자연수가 되도록
소수점을 오른쪽으로
두 자리씩 이동해.

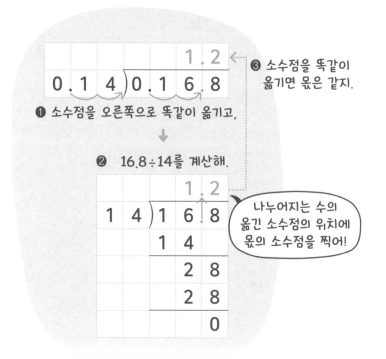

③ 소수점을 똑같이
옮기면 몫은 같지.

❶ 소수점을 오른쪽으로 똑같이 옮기고,
↓
❷ 16.8÷14를 계산해.

나누어지는 수의
옮긴 소수점의 위치에
몫의 소수점을 찍어!

❶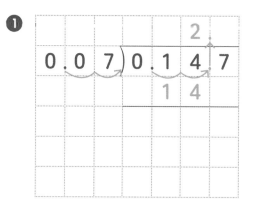

❷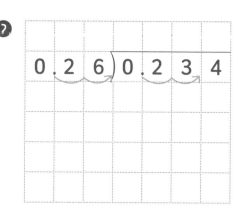

❸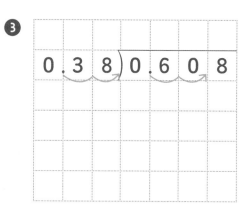

❹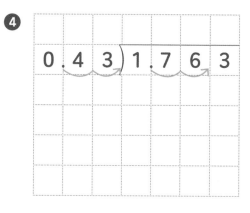

❺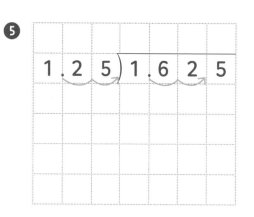

❻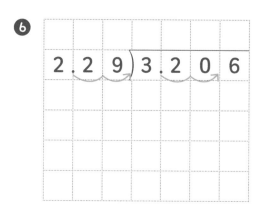

❼

$$3.71\overline{)0.74\,2}$$

↱ 표시로 소수점을
옮기고, 몫의 소수점을
찍어 봐.

❽

$$0.08\overline{)0.13\,6}$$

❾

$$1.04\overline{)0.83\,2}$$

❿

$$1.53\overline{)3.51\,9}$$

⓫

$$0.48\overline{)1.72\,8}$$

⓬

$$4.29\overline{)3.43\,2}$$

⓭

$$2.85\overline{)7.12\,5}$$

⓮

$$0.62\overline{)2.10\,8}$$

⓯

$$1.37\overline{)2.87\,7}$$

⓰

$$2.56\overline{)4.86\,4}$$

⓱

$$3.14\overline{)8.16\,4}$$

공부 끝!

맞힌 개수

부모님 확인

17개

오늘의 숫자 **38**에 색칠하세요.

**몫의 소수점은
나누어지는 수의 옮긴
소수점 위치와 같아.**

❶
$0.6\overline{)1.3\ 8}$

❷
$4.8\overline{)1\ 5.3\ 6}$

❸
$0.7\overline{)0.9\ 8}$

❹
$3.5\overline{)1\ 2.9\ 5}$

❺
$1.1\overline{)1.9\ 8}$

❻
$5.9\overline{)1\ 5.9\ 3}$

❼
$2.3\overline{)6.4\ 4}$

❽
$11.4\overline{)5\ 0.1\ 6}$

❾
$27.2\overline{)9\ 7.9\ 2}$

❿
$35.1\overline{)5\ 2.6\ 5}$

⓫
$2.7\overline{)1\ 1.3\ 4}$

⑫ 0.2 7) 4.9 1 4

⑬ 6.0 5) 7.8 6 5

⑭ 2.6 9) 4.3 0 4

⑮ 1.9 4) 0.7 7 6

⑯ 0.3 3) 2.4 7 5

⑰ 1.5 6) 2.6 5 2

⑱ 0.7 2) 8.1 3 6

⑲ 1.4 6) 3.3 5 8

⑳ 2.8 2) 5.9 2 2

㉑ 4.5 1) 1 5.7 8 5

㉒ 3.1 8) 1 3.3 5 6

공부 끝!

맞힌 개수

부모님 확인

/22개

오늘의 숫자 **51**에 색칠하세요.

/10

나누어지는 수의 옮긴
소수점의 위치에 맞추어
몫의 소수점을 쾩!
찍어야 해.

❶ 0.9) 0.8 1

❷ 0.3 5) 0.2 4 5

❸ 4.4) 1 2.3 2

❹ 1.3 8) 1.9 3 2

❺ 1.3) 3.5 1

❻ 6.1) 2 2.5 7

❼ 2.3 7) 7.5 8 4

❽ 1 4.7) 6 1.7 4

❾ 0.0 6) 0.2 2 8

❿ 0.1 4) 1.2 0 4

⓫ 3 2.9) 7 8.9 6

⑫ 3.248 ÷ 1.16 =

⑬ 6.858 ÷ 2.54 =

⑭ 18.72 ÷ 15.6 =

자릿수가 다른 (소수) ÷ (소수)

몫을 정확한 자리에
쓰는 연습을 해 봐.
몫의 소수점을 찍을 때,
실수를 줄일 수 있어!

⑮ 1.72 ÷ 0.2 =

⑯ 8.534 ÷ 2.51 =

공부 끝!

맞힌 개수

부모님 확인

/16개

오늘의 숫자 64에 색칠하세요.

Day 12

나누는 수가 자연수가 되도록
소수점을 옮겨 계산해.

❶ 0.4) 0.7 2

❷ 0.8 5) 6.8 8 5

❸ 3.6) 2.5 2

❹ 0.9 6) 3.0 7 2

❺ 2.9) 1 5.3 7

❻ 0.0 8) 0.1 5 2

❼ 4.3) 1 0.3 2

❽ 1.0 4) 3.7 4 4

❾ 2.1) 6.0 9

❿ 2.7 6) 4.9 6 8

⓫ 3 7.5) 1 0 8.7 5

⑫ 173.43 ÷ 42.3

⑬ 1.89 ÷ 0.7

⑭ 1.472 ÷ 0.64

⑮ 0.364 ÷ 0.07

⑯ 212.04 ÷ 58.9

⑰ 33.25 ÷ 9.5

⑱ 4.32 ÷ 2.7

⑲ 13.175 ÷ 7.75

⑳ 31.28 ÷ 4.6

㉑ 154.44 ÷ 35.1

㉒ 10.062 ÷ 3.87

공부 끝!

맞힌 개수

부모님 확인

/22개

오늘의 숫자 **92**에 색칠하세요.

연산 놀이터

몫이 더 큰 쪽의 길을 따라가 봐!

출발

16.739 ÷ 1.9

7.052 ÷ 0.86

3.01 ÷ 4.3

5.896 ÷ 0.88

5.28 ÷ 8.8

6.435 ÷ 0.99

03

(자연수)÷(소수)

이번에는 무엇을 배울까?

자릿수가 다른
(소수)÷(소수)

(자연수)÷(소수)

몫을 반올림하여 나타내기

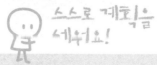

❶ 먼저 설명해 주세요.

(자연수)÷(소수)를 분수의 나눗셈과 자연수의 나눗셈으로 풀어내었습니다. 아이와 함께 따라 읽어 보면서 나누는 수와 나누어지는 수의 변화와 몫 사이의 관계를 비교해 보며 '나누는 수와 나누어지는 수의 소수점을 똑같이 옮긴다.'는 핵심 원리와 연결 지어 생각할 수 있도록 합니다.

❷ 수를 이해하며 계산해요.

Day13 ~ Day14에서 (자연수)÷(소수)를 자연수의 나눗셈 또는 분수의 나눗셈으로 바꿔 보며 세로 셈의 계산 원리를 이해합니다.

❸ 충분히 연습해요.

자연수의 소수점을 똑같이 옮겨서 계산하면 몫이 변하지 않음을 이해하고, Day15 ~ Day18의 문제 풀이를 통해 (자연수)÷(소수)의 계산 방법을 충분히 익힙니다.

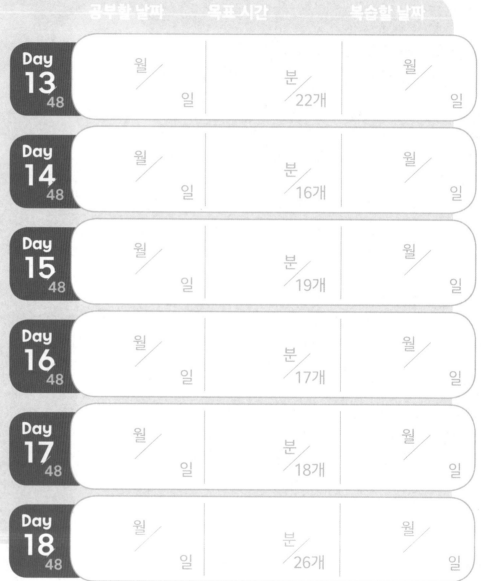

	공부할 날짜	목표 시간	복습할 날짜
Day 13 / 48	월 / 일	분 / 22개	월 / 일
Day 14 / 48	월 / 일	분 / 16개	월 / 일
Day 15 / 48	월 / 일	분 / 19개	월 / 일
Day 16 / 48	월 / 일	분 / 17개	월 / 일
Day 17 / 48	월 / 일	분 / 18개	월 / 일
Day 18 / 48	월 / 일	분 / 26개	월 / 일

선생님의 칠판

(자연수) ÷ (소수)는 어떻게 계산할까?

방법 1) 자연수로 바꾸기

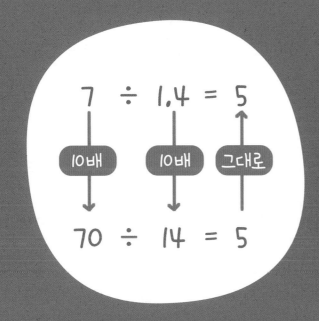

$$7 \div 1.4 = 5$$

10배 · 10배 · 그대로

$$70 \div 14 = 5$$

방법 2) 분수로 바꾸기

$$7 \div 1.4 = \frac{7}{1} \div \frac{14}{10}$$

$$= \frac{70}{10} \div \frac{14}{10}$$

$$= 70 \div 14$$

$$= 5$$

Day 13

나누는 수와 나누어지는 수를
똑같이 10배 또는 100배 하여
자연수의 나눗셈으로 계산해.

❶ 5 ÷ 2.5 = ☐

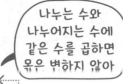
나누는 수와
나누어지는 수에
같은 수를 곱하면
몫은 변하지 않아

10배 10배

50 ÷ 25 = 2

나누는 수가 자연수가 되도록
똑같이 10배 했어.

❷ 8 ÷ 1.6 = ☐

10배 10배

80 ÷ 16 = ☐

❸ 14 ÷ 3.5 = ☐

10배 10배

140 ÷ 35 = ☐

❹ 22 ÷ 4.4 = ☐

10배 10배

220 ÷ 44 = ☐

❺ 39 ÷ 6.5 = ☐

10배 10배

390 ÷ 65 = ☐

❻ 27 ÷ 1.8 = ☐

10배 10배

270 ÷ 18 = ☐

❼ 15 ÷ 0.3 = ☐

10배 10배

150 ÷ 3 = ☐

❽ 33 ÷ 1.5 = ☐

10배 10배

330 ÷ 15 = ☐

❾ 48 ÷ 2.4 = ☐

10배 10배

480 ÷ 24 = ☐

❿ 117 ÷ 7.8 = ☐

10배 10배

1170 ÷ 78 = ☐

⓫ 196 ÷ 5.6 = ☐

10배 10배

1960 ÷ 56 = ☐

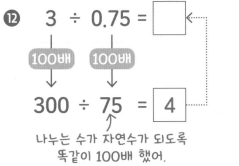

몫은 변하지 않아!

⑫ 3 ÷ 0.75 = ☐

100배 100배

300 ÷ 75 = 4

나누는 수가 자연수가 되도록
똑같이 100배 했어.

⑬ 9 ÷ 0.45 = ☐

100배 100배

900 ÷ 45 = ☐

⑭ 6 ÷ 0.25 = ☐

100배 100배

600 ÷ 25 = ☐

⑮ 14 ÷ 1.75 = ☐

100배 100배

1400 ÷ 175 = ☐

⑯ 22 ÷ 0.88 = ☐

100배 100배

2200 ÷ 88 = ☐

⑰ 29 ÷ 1.45 = ☐

100배 100배

2900 ÷ 145 = ☐

⑱ 15 ÷ 3.75 = ☐

100배 100배

1500 ÷ 375 = ☐

⑲ 36 ÷ 2.25 = ☐

100배 100배

3600 ÷ 225 = ☐

⑳ 72 ÷ 0.96 = ☐

100배 100배

7200 ÷ 96 = ☐

㉑ 104 ÷ 3.25 = ☐

100배 100배

10400 ÷ 325 = ☐

㉒ 136 ÷ 5.44 = ☐

100배 100배

13600 ÷ 544 = ☐

공부 끝!

맞힌 개수

부모님 확인

/22개

오늘의 숫자 6에 색칠하세요.

Day 14

분수의 나눗셈으로
바꿔서 계산해 봐!

/9 분

나누는 수가 소수 한 자리 수이므로
분모가 10인 분수로 바꿨어.

❶ $2 \div 0.4 = \dfrac{20}{10} \div \dfrac{4}{10}$

분모가 같으니
분자끼리 나눠.

$= 20 \div \boxed{}$

$= \boxed{}$

❷ $6 \div 0.5 = \dfrac{60}{10} \div \dfrac{5}{10}$

$= \boxed{} \div \boxed{}$

$= \boxed{}$

❸ $18 \div 3.6 = \dfrac{180}{10} \div \dfrac{\boxed{}}{10}$

$= 180 \div \boxed{}$

$= \boxed{}$

❹ $55 \div 2.2 = \dfrac{550}{10} \div \dfrac{\boxed{}}{10}$

$= \boxed{} \div \boxed{}$

$= \boxed{}$

❺ $72 \div 4.8 = \dfrac{\boxed{}}{10} \div \dfrac{48}{10}$

$= \boxed{} \div \boxed{}$

$= \boxed{}$

❻ $77 \div 1.4 = \dfrac{\boxed{}}{10} \div \dfrac{\boxed{}}{10}$

$= \boxed{} \div \boxed{}$

$= \boxed{}$

❼ $135 \div 5.4 = \dfrac{\boxed{}}{10} \div \dfrac{\boxed{}}{10}$

$= \boxed{} \div \boxed{}$

$= \boxed{}$

❽ $169 \div 6.5 = \dfrac{1690}{10} \div \dfrac{\boxed{}}{10}$

$= \boxed{} \div \boxed{}$

$= \boxed{}$

❾ $6 \div 0.15 = \dfrac{600}{100} \div \dfrac{15}{100}$

분모가
같으니
분자끼리
나눠.

$= 600 \div \boxed{}$

$= \boxed{}$

❿ $8 \div 0.25 = \dfrac{800}{100} \div \dfrac{25}{100}$

$= \boxed{} \div 25$

$= \boxed{}$

⓫ $54 \div 0.72 = \dfrac{\boxed{}}{100} \div \dfrac{72}{100}$

$= \boxed{} \div 72$

$= \boxed{}$

⓬ $11 \div 0.22 = \dfrac{1100}{100} \div \dfrac{\boxed{}}{100}$

$= 1100 \div \boxed{}$

$= \boxed{}$

⓭ $1 \div 0.25 = \dfrac{\boxed{}}{100} \div \dfrac{25}{100}$

$= \boxed{} \div \boxed{}$

$= \boxed{}$

⓮ $32 \div 1.28 = \dfrac{3200}{100} \div \dfrac{\boxed{}}{100}$

$= \boxed{} \div \boxed{}$

$= \boxed{}$

⓯ $9 \div 2.25 = \dfrac{\boxed{}}{100} \div \dfrac{\boxed{}}{100}$

$= \boxed{} \div \boxed{}$

$= \boxed{}$

⓰ $41 \div 1.64 = \dfrac{\boxed{}}{100} \div \dfrac{\boxed{}}{100}$

$= \boxed{} \div \boxed{}$

$= \boxed{}$

공부 끝!

맞힌 개수

/16개

부모님 확인

오늘의 숫자 **32**에 색칠하세요.

Day 15

소수점을 똑같이 한 자리씩 옮길 때,
나누어지는 수가 자연수이면 0을 1개 채워 넣어.

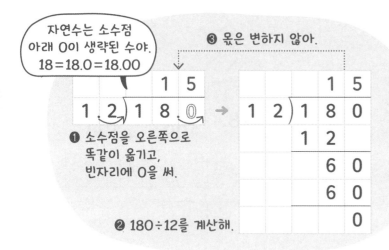

자연수는 소수점
아래 0이 생략된 수야.
18=18.0=18.00

❸ 몫은 변하지 않아.

❶ 소수점을 오른쪽으로
똑같이 옮기고,
빈자리에 0을 써.

❷ 180÷12를 계산해.

❶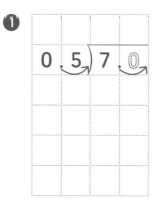

0 . 5) 7 . 0

❷

2 . 4) 1 2

❸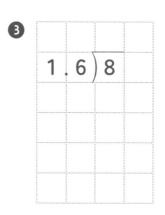

1 . 6) 8

❹

0 . 8) 2 0

❺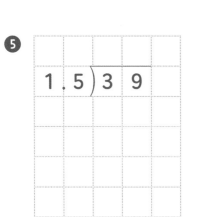

1 . 5) 3 9

❻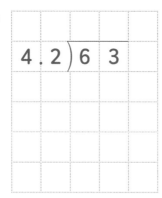

4 . 2) 6 3

❼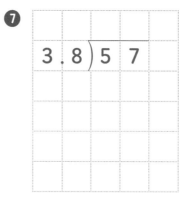

3 . 8) 5 7

❽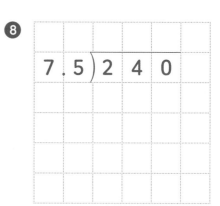

7 . 5) 2 4 0

⑨ $0.4 \overline{)10.0}$

소수점을 옮기고 생긴 빈자리에 0을 1개 채워 넣어.

⑩ $1.8 \overline{)9}$

⑪ $3.5 \overline{)21}$

⑫ $2.8 \overline{)70}$

⑬ $3.2 \overline{)48}$

⑭ $0.5 \overline{)4}$

⑮ $4.5 \overline{)72}$

⑯ $2.5 \overline{)40}$

(자연수) ÷ (소수)

⑰ $7.2 \overline{)108}$

⑱ $6.8 \overline{)238}$

⑲ $5.6 \overline{)140}$

공부 끝!

맞힌 개수

부모님 확인

/19개

오늘의 숫자 43에 색칠하세요.

Day 16

소수점을 똑같이 두 자리씩 옮길 때,
나누어지는 수가 자연수이면
0을 2개 채워 넣어.

자연수는 일의 자리 뒤에
소수점이 생략되어 있어.

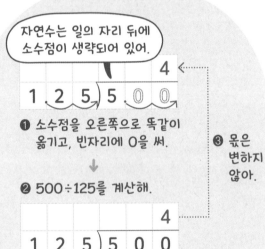

❶ 소수점을 오른쪽으로 똑같이
옮기고, 빈자리에 0을 써.

❷ 500÷125를 계산해.

❸ 몫은
변하지
않아.

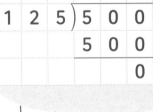

자연수의 소수점을 오른쪽으로
두 칸 이동하는 것은 자연수를
100배 하는 것과 같은 의미야.

❶
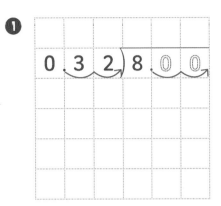
0.32)8.00

❷
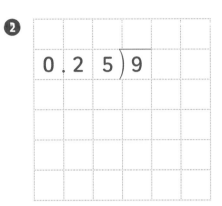
0.25)9

❸
0.09)18

❹
0.75)12

❺
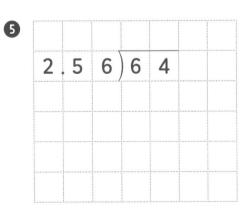
2.56)64

❻
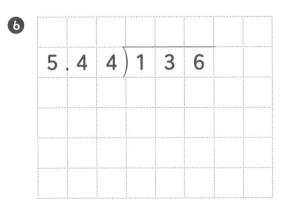
5.44)136

⑦

소수점을 옮기고 생긴 빈자리에 0을 2개 채워 넣어.

0.2 5) 2.0 0

⑧ 0.3 6) 9

⑨ 1.2 5) 3 0

⑩ 0.0 8) 4

⑪ 1.7 5) 7

⑫ 1.3 2) 3 3

⑬ 1.7 5) 4 2

⑭ 3.7 5) 9 0

(자연수) ÷ (소수)

⑮ 1.6 4) 4 1

⑯ 2.1 2) 1 0 6

⑰ 8.2 5) 1 3 2

공부 끝!

맞힌 개수

부모님 확인

/17개

오늘의 숫자 **27**에 색칠하세요.

Day 17

옮긴 자릿수만큼 나누어지는
수의 오른쪽 끝에 0을 붙여
자연수의 나눗셈으로
계산해.

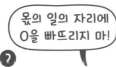

몫의 일의 자리에
0을 빠뜨리지 마!

❶ $0.2)\overline{5}$

❷ $0.06)\overline{9}$

❸ $4.5)\overline{36}$

❹ $0.25)\overline{6}$

❺ $3.2)\overline{16}$

❻ $1.75)\overline{35}$

❼ $0.25)\overline{4}$

❽ $0.72)\overline{18}$

❾ $1.5)\overline{48}$

❿ $6.2)\overline{155}$

⓫ $3.84)\overline{192}$

⑫ 18 ÷ 0.4 =

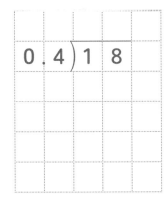

⑬ 9 ÷ 0.75 =

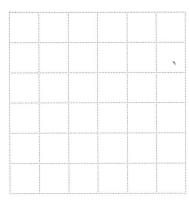

⑭ 57 ÷ 1.5 =

⑮ 17 ÷ 4.25 =

⑯ 78 ÷ 5.2 =

⑰ 156 ÷ 2.6 =

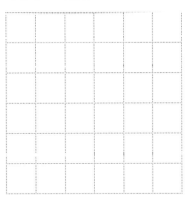

⑱ 198 ÷ 2.75 =

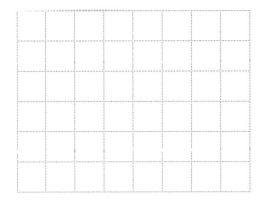

공부 끝!

맞힌 개수

부모님 확인

/18개

오늘의 숫자 **75**에 색칠하세요.

Day 18

소수점을 옮기고 생긴
빈자리에는 0을
추가하면 돼.

❶ $0.3\,2\,)\overline{8}$

❷ $3.2\,)\overline{1\,4\,4}$

❸ $2.3\,6\,)\overline{5\,9}$

❹ $4.4\,)\overline{8\,8}$

❺ $0.3\,6\,)\overline{1\,8}$

❻ $0.7\,5\,)\overline{9}$

❼ $6.5\,)\overline{1\,4\,3}$

❽ $1.4\,)\overline{7}$

❾ $1.7\,2\,)\overline{1\,2\,9}$

❿ $5.8\,)\overline{8\,7}$

⓫ $5.8\,4\,)\overline{2\,9\,2}$

⑫ 9 ÷ 0.6

⑬ 42 ÷ 3.5

⑭ 3 ÷ 0.25

⑮ 18 ÷ 0.72

⑯ 72 ÷ 0.48

⑰ 34 ÷ 6.8

⑱ 43 ÷ 1.72

⑲ 156 ÷ 5.2

⑳ 43 ÷ 8.6

㉑ 81 ÷ 2.25

㉒ 240 ÷ 7.5

㉓ 143 ÷ 3.25

㉔ 21 ÷ 4.2

㉕ 121 ÷ 2.42

㉖ 30 ÷ 2.5

공부 끝!

맞힌 개수

부모님 확인

/26개

오늘의 숫자 **86**에 색칠하세요.

부모님 확인

몫이 가장 작은 것부터 순서대로 트로피에 등수를 매겨 봐.

16 ÷ 0.8

8 ÷ 0.5

36 ÷ 0.2

04

몫을 반올림하여 나타내기

이번에는 무엇을 배울까?

(자연수)÷(소수) | 몫을 반올림하여 나타내기 | 나누어 주고 남는 양

❶ 먼저 설명해 주세요.

나누어떨어지지 않거나 몫이 간단한 소수로 구해지지 않을 때, 나눗셈의 몫을 반올림하여 근삿값으로 나타내는 방법을 예를 들어 나타내었습니다. 아이와 함께 따라 읽어 보면서 나타내고자 하는 자리의 다음 자리까지 몫을 구한 뒤 반올림하여 나타내는 계산 방법을 익힙니다.

❷ 수를 이해하며 계산해요.

Day19 ~ Day21에서 몫을 반올림하여 일의 자리, 소수 첫째 자리, 소수 둘째 자리까지 나타내어 봅니다.

❸ 충분히 연습해요.

Day22의 문제 풀이를 통해 몫을 반올림하여 여러 자리까지 나타내는 방법을 충분히 연습하고, Day23을 통해 반올림하여 나타내는 자리에 따라 몫을 다르게 나타낼 수 있음을 이해합니다.

스스로 계획을 세워요!

	공부할 날짜	목표 시간	복습할 날짜
Day 19 48	월 / 일	분 / 13개	월 / 일
Day 20 48	월 / 일	분 / 13개	월 / 일
Day 21 48	월 / 일	분 / 13개	월 / 일
Day 22 48	월 / 일	분 / 22개	월 / 일
Day 23 48	월 / 일	분 / 10개	월 / 일

선생님의 칠판

몫을 반올림하여 나타내는 경우는?

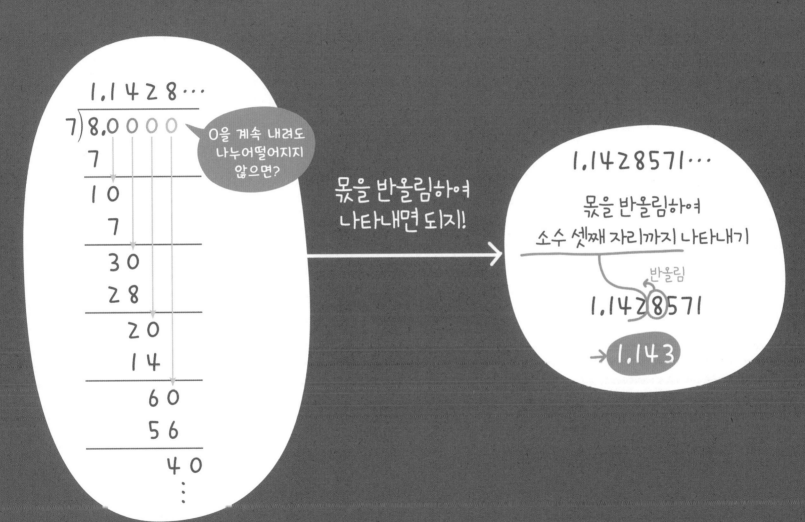

1.1428…

7)8.0000 → 0을 계속 내려도 나누어떨어지지 않으면?

7

10

7

30

28

20

14

60

56

40

⋮

몫을 반올림하여 나타내면 되지!

1.1428571…

몫을 반올림하여
소수 셋째 자리까지 나타내기

반올림

1.1428571

→ 1.143

Day 19

몫을 반올림하여
일의 자리까지 나타내려면
소수 첫째 자리에서
반올림하면 돼.

①

```
      2.
6 ) 1 3.5
    1 2
```

→ (   )

②

```
7 ) 2 4
```

→ (   )

③

```
3 ) 5.2
```

→ (   )

몫이 간단한 소수로
구해지지 않을 때,
어림하여 나타내는 방법이야.

```
      3.7 …
7 ) 2 6.0
    2 1
    ─────
      5 0
      4 9
    ─────
        1
```

몫을 반올림하여
일의 자리까지 나타내면?
3.7 … → 4

↳ 소수 첫째 자리 숫자가
7이므로 올려!

구하려는 자리 바로 아래 숫자가
0, 1, 2, 3, 4이면 버리고,
5, 6, 7, 8, 9이면 올려!

④

```
1.3 ) 6.4
```

→ (   )

⑤

```
1.5 ) 8.5
```

→ (   )

⑥

```
2.4 ) 7.4 8
```

→ (   )

❼

22$\overline{\smash{\big)}\,86}$

→ (　　　)

❽

13$\overline{\smash{\big)}\,84}$

→ (　　　)

❾

3$\overline{\smash{\big)}\,4.7}$

→ (　　　)

❿

11$\overline{\smash{\big)}\,52.12}$

→ (　　　)

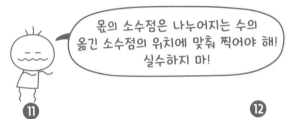

몫의 소수점은 나누어지는 수의
옮긴 소수점의 위치에 맞춰 찍어야 해!
실수하지 마!

⓫

1.4$\overline{\smash{\big)}\,6.11}$

→ (　　　)

⓬

3.3$\overline{\smash{\big)}\,22.2}$

→ (　　　)

⓭

2.9$\overline{\smash{\big)}\,10.69}$

→ (　　　)

공부 끝!

맞힌 개수

/13개

부모님 확인

오늘의 숫자 **18**에 색칠하세요.

Day 20

몫을 반올림하여
소수 첫째 자리까지 나타내려면
소수 둘째 자리까지 구하면 돼.

```
      1 . 8 3 …
6 ) 1 1 . 0 0
    6
    5 0
    4 8
      2 0
      1 8
        2
```

나누어지는 수의
소수점 아래 끝에
0이 계속 있다고
생각하고
0을 내려 계산해.

몫을 반올림하여
소수 첫째 자리까지 나타내면?
1.83 … → 1.8
↳ 소수 둘째 자리 숫자가
3이므로 버려!

❶
```
6 ) 7
```
→ (   )

❷
```
9 ) 1 7
```
→ (   )

❸
```
3 ) 1 2.8
```
→ (   )

❹
```
0.3 ) 1.4
```
→ (   )

❺
```
1.9 ) 6.5
```
→ (   )

❻
```
2.6 ) 4.9 8
```
→ (   )

❼

$6 \overline{)2.5}$

→ (　　　　　)

❽

$7 \overline{)15.8}$

→ (　　　　　)

❾

$1.4 \overline{)9.5}$

→ (　　　　　)

❿

$6.3 \overline{)21.4}$

→ (　　　　　)

몫의 소수점의
위치에 주의해.

⓫

$5.7 \overline{)12.81}$

→ (　　　　　)

⓬

$2.2 \overline{)19}$

→ (　　　　　)

⓭

$6.8 \overline{)50}$

→ (　　　　　)

공부 끝!

맞힌 개수

부모님 확인

/13개

오늘의 숫자 **54**에 색칠하세요.

Day 21

몫을 소수 셋째 자리까지
구하여 반올림하면
소수 둘째 자리까지
나타낼 수 있어.

```
    1.2 5 5 …
7 ) 8.7 9 0
    7
    1 7
    1 4
      3 9
      3 5
        4 0
        3 5
          5
```

몫을 반올림하여
소수 둘째 자리까지 나타내면?
1.255 … → 1.26
↳ 소수 셋째 자리 숫자가
5이므로 올려!

❶
```
3 ) 1.7
```
→ (   )

❷
```
9 ) 2 1
```
→ (   )

❸
```
6 ) 2.8
```
→ (   )

❹
```
2.7 ) 5.5
```
→ (   )

❺
```
1.8 ) 1 6.5
```
→ (   )

❻
```
3.3 ) 5.6 2
```
→ (   )

❼

$$9\overline{)60}$$

→ (   )

❽

$$7\overline{)18.6}$$

→ (   )

❾

$$7\overline{)9.77}$$

→ (   )

❿

$$1.2\overline{)9.8}$$

→ (   )

몫을 반올림하여 나타내기

⓫

$$1.5\overline{)2.9}$$

→ (   )

⓬

$$0.7\overline{)1.98}$$

→ (   )

⓭

$$3.8\overline{)12.88}$$

→ (   )

공부 끝!

맞힌 개수

부모님 확인

/13개

오늘의 숫자 **72**에 색칠하세요.

Day 22

몫을 반올림하여 주어진
자리까지 나타내 봐!

❶ 30 ÷ 17
→ 일의 자리 (   )

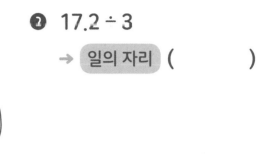

나타내고자 하는 자리의
다음 자리까지 몫을
구한 뒤 반올림하면 돼!

❷ 17.2 ÷ 3
→ 일의 자리 (   )

❸ 4.88 ÷ 3
→ 일의 자리 (   )

❹ 26.8 ÷ 15
→ 일의 자리 (   )

❺ 5.74 ÷ 3.9
→ 일의 자리 (   )

❻ 15 ÷ 4.1
→ 일의 자리 (   )

❼ 24 ÷ 3.8
→ 일의 자리 (   )

❽ 35.4 ÷ 7
→ 소수 첫째 자리 (   )

❾ 2.9 ÷ 0.3
→ 소수 첫째 자리 (   )

❿ 19.7 ÷ 4.2
→ 소수 첫째 자리 (   )

⓫ 91.6 ÷ 12.9
→ 소수 첫째 자리 (   )

⑫ 3.91 ÷ 2.8
→ 소수 첫째 자리 (   )

⑬ 9.16 ÷ 2.8
→ 소수 첫째 자리 (   )

⑭ 40.28 ÷ 17.2
→ 소수 첫째 자리 (   )

⑮ 25.4 ÷ 13
→ 소수 첫째 자리 (   )

⑯ 93.2 ÷ 30
→ 소수 둘째 자리 (   )

⑰ 8.5 ÷ 3.5
→ 소수 둘째 자리 (   )

⑱ 6.7 ÷ 1.7
→ 소수 둘째 자리 (   )

⑲ 16.9 ÷ 2.4
→ 소수 둘째 자리 (   )

⑳ 18.6 ÷ 8.5
→ 소수 둘째 자리 (   )

㉑ 2.77 ÷ 1.8
→ 소수 둘째 자리 (   )

㉒ 12.76 ÷ 3.4
→ 소수 둘째 자리 (   )

몫을 반올림하여 나타내기

공부 끝!

맞힌 개수

부모님 확인

/22개

오늘의 숫자 35에 색칠하세요.

Day 23

몫을 주어진 자리보다
한 자리 아래까지
구해서 반올림 해.

반올림하여
나타내려는 자리에 따라
몫이 달라지는군!

❶ 12.7 ÷ 7

일의 자리까지	
소수 첫째 자리까지	
소수 둘째 자리까지	

❷ 8 ÷ 3

일의 자리까지	
소수 첫째 자리까지	
소수 둘째 자리까지	

❸ 7.57 ÷ 6

일의 자리까지	
소수 첫째 자리까지	
소수 둘째 자리까지	

❹ 6.7 ÷ 1.7

일의 자리까지	
소수 첫째 자리까지	
소수 둘째 자리까지	

❺ 41.58 ÷ 13

일의 자리까지	
소수 첫째 자리까지	
소수 둘째 자리까지	

❻ 30.89 ÷ 14

일의 자리까지	
소수 첫째 자리까지	
소수 둘째 자리까지	

❼ 12.12 ÷ 3.7

일의 자리까지	
소수 첫째 자리까지	
소수 둘째 자리까지	

❽ 71.8 ÷ 6.3

일의 자리까지	
소수 첫째 자리까지	
소수 둘째 자리까지	

❾ 24 ÷ 9.4

일의 자리까지	
소수 첫째 자리까지	
소수 둘째 자리까지	

❿ 53.15 ÷ 2.8

일의 자리까지	
소수 첫째 자리까지	
소수 둘째 자리까지	

몫을 소수점 낮은 자리까지 어림할수록 실젯값에 가까워져.

공부 끝!

맞힌 개수

부모님 확인

/10개

오늘의 숫자 11에 색칠하세요.

연산 놀이터

나눗셈의 몫을 반올림하여 주어진 자리까지 나타내 봐.

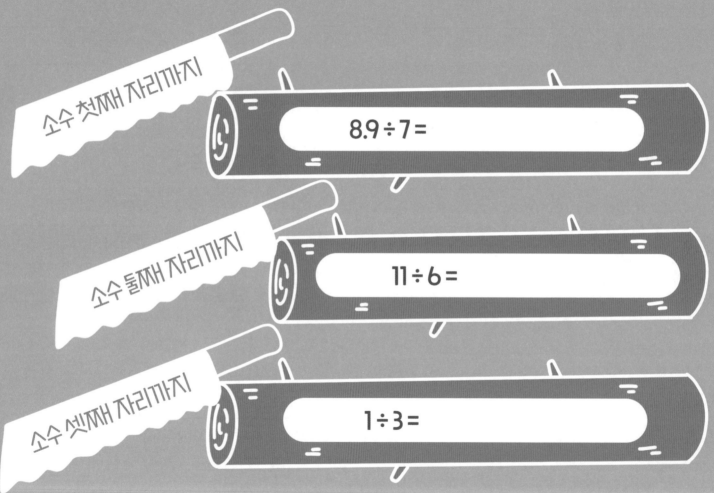

소수 첫째 자리까지

$8.9 \div 7 =$

소수 둘째 자리까지

$11 \div 6 =$

소수 셋째 자리까지

$1 \div 3 =$

05

나누어 주고 남는 양

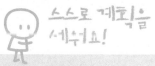

이렇게
지도해요!

스스로 계획을
세워요!

❶ 먼저 설명해 주세요.

소수의 나눗셈 상황에서 몫을 자연수 부분까지만 구해야
하는 경우를 그림과 말로 풀어내었습니다. 아이와 함께
따라 읽어 보면서 나누어 주는 사람의 수를 구할 때 자연수
인 몫으로 나타내고, 남는 양은 전체의 양에서 나누어 주는
양을 뺀 값임을 이해합니다.

❷ 수를 이해하며 계산해요.

Day24에서 어떤 수 안에 같은 수가 몇 번 포함되어
있는지 뺄셈식을 이용하여 알아보고 소수의 나눗셈
에서의 자연수인 몫과 남는 양을 구합니다.

❸ 충분히 연습해요.

Day25 ~ Day28의 문제 풀이를 통해 남는 수(양)의
소수점을 빠뜨리지 않도록 충분히 연습하고, 남는 수(양)가
나누는 수보다 작은지 반드시 확인할 수 있게 아이와 함께
한번 짚어봅니다.

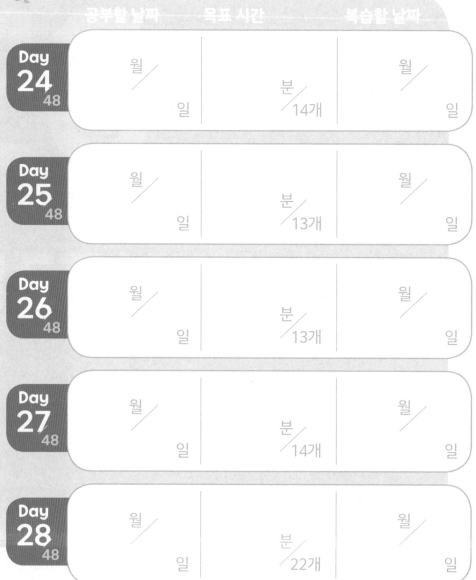

공부할 날짜	목표 시간	복습할 날짜
Day 24 48 월/일	분/14개	월/일
Day 25 48 월/일	분/13개	월/일
Day 26 48 월/일	분/13개	월/일
Day 27 48 월/일	분/14개	월/일
Day 28 48 월/일	분/22개	월/일

몫을 자연수까지만 구하는 경우는?

설탕 9.6 kg을 3 자루에 나누어
담으면 한 자루에 몇 kg일까?

$$9.6 \div 3 = 3.2$$

설탕 9.6 kg을 한 사람에게 3 kg씩
나누어 주면 몇 명이 받을까?

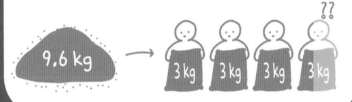

$$9.6 \div 3 = 3.2$$이므로 3.2명일까??

한 자루에 3.2 kg씩 담으면 돼.

3명에게 주고 0.6 kg이 남았어.

사람 수는 소수가 아닌
자연수이므로 몫을 자연수까지만
구해야 해!

Day 24

뺄셈으로
몫과 나누어 주고 남는 양을
알 수 있어.

6.4÷2의 몫과 남는 양은?

6.4 - 2 - 2 - 2 = 0.4

3번

→ 몫: 3 , 남는 양: 0.4

빼는 수가 나누는 수가 되고
뺄 수 있는 횟수가
몫이 되는 거 기억하지?

❶ 7.8

| 3 | 3 | |

7.8 - 3 - 3 = ☐

몫: ☐ , 남는 양: ☐

❷ 7.2

| 2 | 2 | 2 | |

7.2 - 2 - 2 - 2 = ☐

몫: ☐ , 남는 양: ☐

❸ 4.6

| 2 | 2 | |

4.6 - 2 - 2 = ☐

몫: ☐ , 남는 양: ☐

❹ 10.5

| 4 | 4 | |

10.5 - 4 - 4 = ☐

몫: ☐ , 남는 양: ☐

❺ 12.3

| 5 | 5 | |

12.3 - 5 - 5 = ☐

몫: ☐ , 남는 양: ☐

❻ 21.7

| 6 | 6 | 6 | |

21.7 - 6 - 6 - 6 = ☐

몫: ☐ , 남는 양: ☐

7 14.4

| 3 | 3 | 3 | 3 | |

14.4 - 3 - 3 - 3 - 3 = ☐

몫: ☐ , 남는 양: ☐

8 5.36

| 2 | 2 | |

5.36 - 2 - 2 = ☐

몫: ☐ , 남는 양: ☐

9 24.3

| 7 | 7 | 7 | |

24.3 - 7 - 7 - 7 = ☐

몫: ☐ , 남는 양: ☐

10 16.12

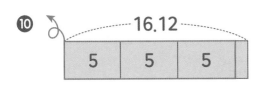

| 5 | 5 | 5 | |

16.12 - 5 - 5 - 5 = ☐

몫: ☐ , 남는 양: ☐

11 13.8

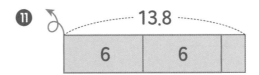

| 6 | 6 | |

13.8 - 6 - 6 = ☐

몫: ☐ , 남는 양: ☐

12 12.85

| 4 | 4 | 4 | |

12.85 - 4 - 4 - 4 = ☐

몫: ☐ , 남는 양: ☐

13 18.6

| 4 | 4 | 4 | 4 | |

18.6 - 4 - 4 - 4 - 4 = ☐

몫: ☐ , 남는 양: ☐

14 41.9

| 8 | 8 | 8 | 8 | 8 |

41.9 - 8 - 8 - 8 - 8 - 8 = ☐

몫: ☐ , 남는 양: ☐

공부 끝!

맞힌 개수

부모님 확인

14개

오늘의 숫자 **50**에 색칠하세요.

나누어지는 수의
소수점의 위치에 맞추어
남는 수의 소수점을 찍어.

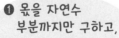

❶ 몫을 자연수
 부분만까지 구하고,

```
      1  6
 4 ) 6  5 . 7
     4
     2  5
     2  4
        1↓7
```

❷ 남는 수의 소수점은
 나누어지는 수의 소수점과
 똑같은 위치에 찍어.

몫을 쓸 때,
자릿수의 위치에
맞추어 써야 해.

❶
```
 4 ) 1  4 . 3
```
몫: ☐

남는 수: ☐

❷
```
 3 ) 2  4 . 6
```
몫: ☐

남는 수: ☐

남는 수의 자연수 부분에
0을 빠뜨리지 않도록 주의해.

❸
```
 7 ) 8  1 . 6
```
몫: ☐

남는 수: ☐

❹
```
 1  2 ) 4  6 . 5
```
몫: ☐

남는 수: ☐

❺
```
 7 ) 6  1 . 3
```
몫: ☐

남는 수: ☐

❻
```
 4 ) 8  9 . 7
```
몫: ☐

남는 수: ☐

❼
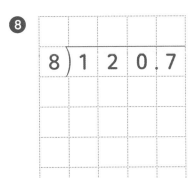

$2 \overline{)\ 6\ 8\ .\ 5}$

몫: ☐

남는 수: ☐

❽
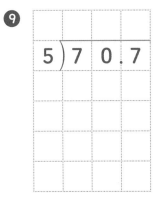

$8 \overline{)\ 1\ 2\ 0\ .\ 7}$

몫: ☐

남는 수: ☐

❾

$5 \overline{)\ 7\ 0\ .\ 7}$

몫: ☐

남는 수: ☐

❿

$8 \overline{)\ 9\ 7\ .\ 6}$

몫: ☐

남는 수: ☐

⓫
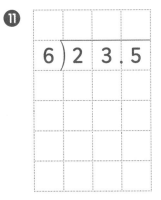

$6 \overline{)\ 2\ 3\ .\ 5}$

몫: ☐

남는 수: ☐

⓬
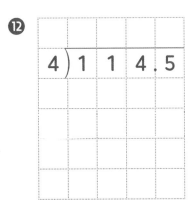

$4 \overline{)\ 1\ 1\ 4\ .\ 5}$

몫: ☐

남는 수: ☐

⓭
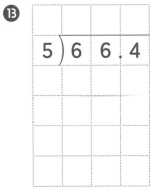

$5 \overline{)\ 6\ 6\ .\ 4}$

몫: ☐

남는 수: ☐

공부 끝!

맞힌 개수

부모님 확인

/13개

오늘의 숫자 **66**에 색칠하세요.

Day 26

남는 수의 소수점은
나누어지는 수의
소수점의 위치와 같아.

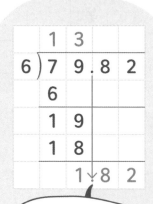

남는 수의 소수점을
잊지 말고 찍어 줘.

남는 수는 나누어지는
수에서 나누는 수와 몫의
곱을 뺀 나머지야.

①

```
3 ) 4 . 2 5
```

몫: ☐

남는 수: ☐

②

```
4 ) 1 5 . 6 3
```

몫: ☐

남는 수: ☐

③

```
8 ) 9 8 . 5 7
```

몫: ☐

남는 수: ☐

④

```
2 ) 8 . 9 1
```

몫: ☐

남는 수: ☐

⑤

```
1 2 ) 3 9 . 0 4
```

몫: ☐

남는 수: ☐

⑥

```
1 5 ) 5 3 . 1 9
```

몫: ☐

남는 수: ☐

❼ 4) 7 7 . 9 9

몫: ☐
남는 수: ☐

❽ 2 3) 6 6 . 8 3

몫: ☐
남는 수: ☐

❾ 3) 5 9 . 9 8

몫: ☐
남는 수: ☐

❿ 6) 9 8 . 1 3

몫: ☐
남는 수: ☐

⓫ 7) 8 0 . 0 9

몫: ☐
남는 수: ☐

⓬ 1 4) 9 2 . 3 5

몫: ☐
남는 수: ☐

⓭ 1 2) 2 6 4 . 8 4

몫: ☐
남는 수: ☐

공부 끝!

맞힌 개수

부모님 확인

/13개

오늘의 숫자 **9**에 색칠하세요.

Day 27

몫을 나누어 줄 수 있는
사람의 수라고 생각하여
자연수인 몫과
남는 수를 구해 봐.

❶
$$5 \overline{)10.25}$$

몫: ☐

남는 수: ☐

❷
$$12 \overline{)134.7}$$

몫: ☐

남는 수: ☐

❸
$$5 \overline{)47.64}$$

몫: ☐

남는 수: ☐

남는 수의 소수점
위치는 어디였더라?

❹
$$5 \overline{)24.58}$$

몫: ☐

남는 수: ☐

❺
$$10 \overline{)124.78}$$

몫: ☐

남는 수: ☐

❻
$$4 \overline{)65.7}$$

몫: ☐

남는 수: ☐

❼
$$9 \overline{)181.9}$$

몫: ☐

남는 수: ☐

⑧

11) 40.04

몫: ☐
남는 수: ☐

⑨

5) 83.94

몫: ☐
남는 수: ☐

⑩

7) 16.75

몫: ☐
남는 수: ☐

⑪

5) 88.88

몫: ☐
남는 수: ☐

나누어 주고 남는 양

⑫

3) 10.9

몫: ☐
남는 수: ☐

⑬

16) 71.22

몫: ☐
남는 수: ☐

⑭

19) 276.7

몫: ☐
남는 수: ☐

공부 끝!

맞힌 개수

부모님 확인

14개

오늘의 숫자 **94**에 색칠하세요.

Day 28

남는 수는
나누는 수보다
크거나 같을 수 없어.

❶ 24.6 ÷ 7

몫:

남는 수:

❷ 27.27 ÷ 6

몫:

남는 수:

❸ 64.1 ÷ 11

몫:

남는 수:

❹ 121.6 ÷ 8

몫:

남는 수:

❺ 35.21 ÷ 2

몫:

남는 수:

❻ 165.9 ÷ 25

몫:

남는 수:

❼ 10.01 ÷ 3

몫:

남는 수:

❽ 110.8 ÷ 9

몫:

남는 수:

❾ 76.5 ÷ 11

몫:

남는 수:

❿ 97.8 ÷ 16

몫:

남는 수:

⓫ 56.11 ÷ 14

몫:

남는 수:

⑫ 98.56 ÷ 7

몫:

남는 수:

⑬ 13.9 ÷ 2

몫:

남는 수:

⑭ 75.23 ÷ 7

몫:

남는 수:

⑮ 321.9 ÷ 21

몫:

남는 수:

⑯ 189.21 ÷ 15

몫:

남는 수:

⑰ 88.56 ÷ 14

몫:

남는 수:

⑱ 47.8 ÷ 9

몫:

남는 수:

⑲ 102.09 ÷ 4

몫:

남는 수:

⑳ 66.38 ÷ 3

몫:

남는 수:

㉑ 83.1 ÷ 3

몫:

남는 수:

㉒ 246.8 ÷ 17

몫:

남는 수:

공부 끝!

맞힌 개수

부모님 확인

/22개

오늘의 숫자 21에 색칠하세요.

해적선의 돛을 보고 보물과 관련한 식과 답을 구해 봐.

황금 6.7 cm를
2 cm씩 잘라
가공하면 몇 개를
만들 수 있을까?

몫을
**자연수까지
구하기**

크리스탈 80.9 kg을
한 상자에 9 kg씩
나누어 담으면
몇 상자가 될까?

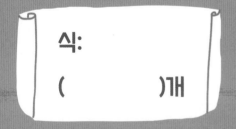

식:

(   )개

식:

(   )상자

06

자연수, 분수, 소수의 혼합 계산

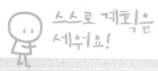

❶ 먼저 설명해 주세요.

자연수의 혼합 계산과 순서는 같으나 분수를 소수로 바꿔야 할지, 소수를 분수로 바꿔야 할지를 판단하는 것이 중요합니다. 먼저 계산 순서를 파악한 다음 주어진 식을 보고 계산 과정을 미리 예상하여 알맞게 분수 또는 소수로 바꿀 수 있도록 합니다.

❷ 수를 이해하며 계산해요.

Day29에서 +, − 또는 ×, ÷ 이 섞여 있는 식을 분수 또는 소수로 바꿔 보며 앞에서부터 차례대로 계산합니다.

❸ 충분히 연습해요.

분수와 소수의 혼합 계산은 초등 과정에서 다루는 연산 중에서 가장 복잡하고 어려운 부분이므로 Day30 ~ Day33의 문제 풀이를 통해 수를 분수나 소수로 알맞게 바꿔 보며 혼합 계산을 충분히 연습합니다.

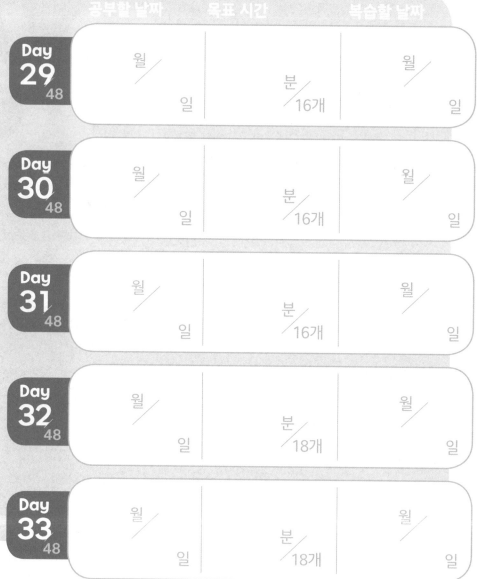

	공부할 날짜	목표 시간	복습할 날짜
Day 29 48	월 / 일	분 / 16개	월 / 일
Day 30 48	월 / 일	분 / 16개	월 / 일
Day 31 48	월 / 일	분 / 16개	월 / 일
Day 32 48	월 / 일	분 / 18개	월 / 일
Day 33 48	월 / 일	분 / 18개	월 / 일

선생님의 칠판

분수, 소수, 자연수가 함께 있을 때?

분수, 소수, 자연수 그리고 괄호까지?

➡️ 소수를 분수로 바꾸거나, 분수를 소수로 바꾸면 돼.

$$2\frac{2}{5} + 7.2 \div 4 \times \frac{1}{2}$$

$$= 2\frac{2}{5} + \frac{72}{10} \div 4 \times \frac{1}{2}$$

$$= 2\frac{2}{5} + \frac{18}{10} \times \frac{1}{2}$$ ⟶ ×, ÷ 먼저 계산해.

$$= 3\frac{3}{10}$$

$$\left(2\frac{2}{5} + 7.2\right) \div 4 \times \frac{1}{2}$$

$$= (2.4 + 7.2) \div 4 \times 0.5$$

괄호 먼저 계산해.

$$= 9.6 \div 4 \times 0.5$$

$$= 1.2$$

×, ÷을 순서대로 계산하고,
그 다음 +, -을 계산해.

괄호를 가장 먼저!
그 다음 ×, ÷을 순서대로 계산하고,
+, -을 계산해.

자연수의 혼합 계산 순서와 같아.
소수를 분수로 바꾸거나 분수를 소수로 바꾼 후
앞에서부터 순서대로 계산해.

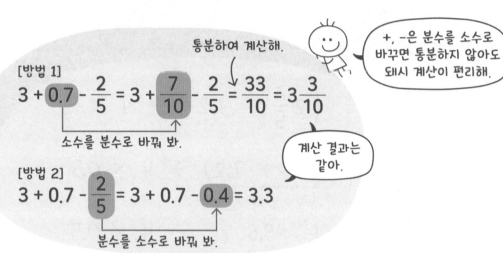

통분하여 계산해.

[방법 1]

$3 + 0.7 - \dfrac{2}{5} = 3 + \dfrac{7}{10} - \dfrac{2}{5} = \dfrac{33}{10} = 3\dfrac{3}{10}$

소수를 분수로 바꿔 봐.

+, −은 분수를 소수로
바꾸면 통분하지 않아도
돼서 계산이 편리해.

계산 결과는
같아.

[방법 2]

$3 + 0.7 - \dfrac{2}{5} = 3 + 0.7 - 0.4 = 3.3$

분수를 소수로 바꿔 봐.

❶ $1.5 + \dfrac{3}{4} - 2$

+, −이 섞여 있으니까
앞에서부터 차례로!

❷ $\dfrac{41}{100} - 0.12 + 8$

❸ $2 + 4.2 - \dfrac{4}{5}$

❹ $1\dfrac{3}{7} + 0.5 - 1$

분모가 7인 경우 소수로 바꾸기 어려워.
대분수를 가분수로 바꿔서 계산해.

❺ $4\dfrac{4}{25} - 1.01 + 3$

❻ $\dfrac{27}{50} + 2 - 0.15$

❼ $15.75 + 6\dfrac{3}{4} - 5$

8 ×, ÷이 섞여 있으니까 앞에서부터 차례로!

약분해서 계산해.

$$\frac{5}{8} \times 4 \div 0.4 = \frac{5}{8} \times 4 \times \frac{10}{4} =$$

분수의 곱셈으로 바꿔!

9 $1.4 \times \dfrac{2}{7} \div 3$

10 $0.25 \div 1\dfrac{3}{4} \times 2$

11 $4\dfrac{2}{5} \div 11 \times 0.8$

12 $8 \times 0.12 \div \dfrac{3}{5}$

13 $\dfrac{1}{6} \times 12 \div 0.2$

14 $\dfrac{7}{25} \div 0.7 \times 3$

15 $12.25 \div 7 \times 1\dfrac{3}{4}$

×, ÷은 소수를 분수로 바꿔서 계산하면 약분이 되는 경우가 많아 계산이 편리해.

16 $6 \times 1\dfrac{2}{5} \div 0.3$

공부 끝!

맞힌 개수

부모님 확인

/16개

오늘의 숫자 **69**에 색칠하세요.

Day 30

곱셈과 나눗셈을
덧셈과 뺄셈보다
먼저 계산해.

> 계산 순서대로 분수
> 또는 소수로 하나씩
> 바꾸면 편리해.

$3 + \dfrac{3}{10} \div 0.25 = 4.2$

❶ 나눗셈을 먼저 계산해. → $\dfrac{3}{10} \div \dfrac{1}{4} = \dfrac{3}{\overset{}{\underset{5}{10}}} \times \overset{2}{\cancel{4}} = \dfrac{6}{5}$

❷ 덧셈을 계산해. → $3 + \dfrac{6}{5} = 3 + 1.2 = 4.2$

❶ $1.5 + \dfrac{4}{5} \times 4$

❷ $8 - 0.7 \div 1\dfrac{3}{4}$

❸ $0.15 \times 3 - \dfrac{1}{20}$

❹ $4\dfrac{3}{8} - 2 \times 0.18$

❺ $3.25 \div \dfrac{13}{15} + 2$

❻ $6\dfrac{1}{2} + 1.5 \div 3$

❼ $4 + \dfrac{3}{10} \times 0.7$

⑧ $4.8 - 3 \times 1\frac{4}{7}$

⑨ $6\frac{2}{3} - 0.4 \div 3$

⑩ $1.24 \div 4 + \frac{1}{8}$

⑪ $8 + 1.4 \times 2\frac{13}{14}$

⑫ $3\frac{39}{100} - 1.17 \div 3$

⑬ $7.125 \times 8 - 24\frac{1}{2}$

⑭ $2 + \frac{11}{20} \div 4.4$

⑮ $4\frac{3}{4} \times 6 - 3.2$

⑯ $\frac{3}{200} - 0.15 \div 10$

공부 끝!

맞힌 개수

부모님 확인

/16개

오늘의 숫자 88에 색칠하세요.

❶ $4.5 - \left(1\dfrac{1}{2} + 2\right)$

괄호( )가 있는 식은
괄호( )안을 가장 먼저 계산해.

( ) 안을
먼저 계산하고,

$1\dfrac{2}{5} = 1\dfrac{4}{10}$

$4 + 0.6 \times \left(1\dfrac{2}{5} - 0.9\right) = 4 + 0.6 \times (1.4 - 0.9)$

❶

❷

❸

곱셈 → 덧셈
순서로 계산해.

$= 4 + 0.6 \times 0.5$
$= 4 + 0.3$
$= 4.3$

❷ $(1.53 + 3) \times \dfrac{1}{3}$

❸ $8 \times \left(1\dfrac{2}{7} \div 2.4\right)$

❹ $0.125 \times \left(2\dfrac{3}{5} - 1\right)$

❺ $3\dfrac{21}{100} - (7.14 \div 7)$

❻ $2 - \left(4\dfrac{3}{8} - 4.3\right)$

❼ $\left(6.29 - 1\dfrac{1}{4}\right) \div 2$

❽ $1 + 3\dfrac{1}{14} \div (2.3 + 2)$

❾ $6 - \left(\dfrac{3}{4} + 0.12\right) \times 3$

❿ $(2.25 - 1) \div \left(2\dfrac{3}{7} - 1\right)$

⓫ $\dfrac{11}{12} + 2 \times \left(\dfrac{1}{6} + 1.2\right)$

⓬ $4 - \left(1.23 - \dfrac{23}{100}\right) \div 2$

⓭ $3.24 \times \left(\dfrac{5}{8} \times 24\right) \div \dfrac{5}{7}$

⓮ $6 \div \left(4.05 - 3\dfrac{1}{4}\right) \div \dfrac{1}{2}$

⓯ $\left(\dfrac{2}{7} - 0.1\right) + \left(3 - \dfrac{2}{5}\right)$

⓰ $3.5 \div \left(3\dfrac{1}{2} \times 4\right) + 1.6$

2×5=10
4×25=100
8×125=1000
→ 곱해서 분모를 10, 100, 1000으로
만들 수 있는 수를 기억해 두면
계산이 편리해!

공부 끝!

맞힌 개수

부모님확인

/16개

오늘의 숫자 **60**에 색칠하세요.

Day 32

( )안을 가장 먼저!
곱셈과 나눗셈 → 덧셈과 뺄셈 순서로 계산해.

❶ $\dfrac{1}{4} \times 3 - 0.24$

❷ $0.5 \times \left(14.25 - 2\dfrac{1}{4}\right) \div 14$

❸ $\left(\dfrac{3}{20} + 0.65\right) \div 5$

❹ $1.21 \times 3\dfrac{4}{11} + 4$

❺ $4\dfrac{4}{5} \div 1.5 - 2$

❻ $3\dfrac{3}{8} \div 9 \times \left(0.3 + \dfrac{1}{3}\right)$

❼ $4.125 + \dfrac{7}{8} - 3$

❽ $6\dfrac{2}{3} - 4 \times 1.25$

❾ $0.42 \times \left(\dfrac{1}{3} + 2\right)$

⑩ $0.15 + \dfrac{1}{4} \times 3 - 0.2$

⑪ $4\dfrac{1}{5} - 0.2 \div 5 + 1.7$

⑫ $0.2 + 8 \times \dfrac{2}{5} \div 5$

⑬ $\dfrac{71}{100} - \left(1 - \dfrac{23}{30}\right) \times 0.3$

⑭ $1\dfrac{4}{5} \times 1.2 \div \left(6 - \dfrac{3}{8}\right)$

⑮ $3.5 \div 1\dfrac{2}{5} + 2 - \dfrac{3}{4}$

⑯ $4 + 0.75 \times \dfrac{7}{11} + \dfrac{3}{11}$

⑰ $1\dfrac{3}{8} \times (4.4 + 2) \div 3.3$

⑱ $1.75 \times 2 - \dfrac{3}{4} \div \dfrac{1}{2}$

자연수, 분수, 소수의 혼합 계산

공부 끝!

맞힌 개수

부모님 확인

/18개

오늘의 숫자 **62**에 색칠하세요.

Day 33

계산 순서가 바뀌면 결과가 달라지니
계산 순서에 주의해.

❶ $7.5 - 5 \div \dfrac{2}{3}$

❷ $0.5 \times 3 - \dfrac{1}{6}$

❸ $7 \div 5\dfrac{5}{6} + 4.92$

❹ $8 \div 1.25 \times 1\dfrac{3}{5}$

❺ $\left(3 + 2\dfrac{3}{5}\right) \div 0.7$

❻ $3.12 \div 6 + \dfrac{1}{4}$

❼ $1.68 - \left(2 \div 1\dfrac{1}{4}\right)$

❽ $\left(1.83 + \dfrac{1}{4}\right) \div 2$

❾ $\dfrac{63}{100} \div 0.9 + 5$

⑩ $\dfrac{3}{7} + 2.1 \times 2 + \dfrac{1}{14}$

⑪ $1.5 - \dfrac{1}{4} \div 0.4 + 1$

⑫ $(2.7 - 1) \times \left(2\dfrac{1}{2} - 1\right)$

⑬ $1\dfrac{3}{20} \times 2 + 2\dfrac{4}{25} \div 2.7$

⑭ $1\dfrac{3}{4} \div 1.4 \times 1\dfrac{4}{5} \times 3$

⑮ $6 \times \dfrac{1}{3} - 0.7 - \dfrac{1}{2}$

⑯ $1.25 + 5 \div \left(0.125 + \dfrac{3}{8}\right)$

⑰ $\dfrac{29}{140} \times 7.7 \div 1\dfrac{1}{28} + 3$

⑱ $8 \div 2\dfrac{2}{3} \times 1\dfrac{1}{2} \div 0.6$

공부 끝!

맞힌 개수

부모님 확인

/18개

오늘의 숫자 **13**에 색칠하세요.

연산 놀이터

더 비싼 옷을 골라 입으려고 해.
외출할 때 입을 상의와 하의를 오른쪽에 그려 봐.

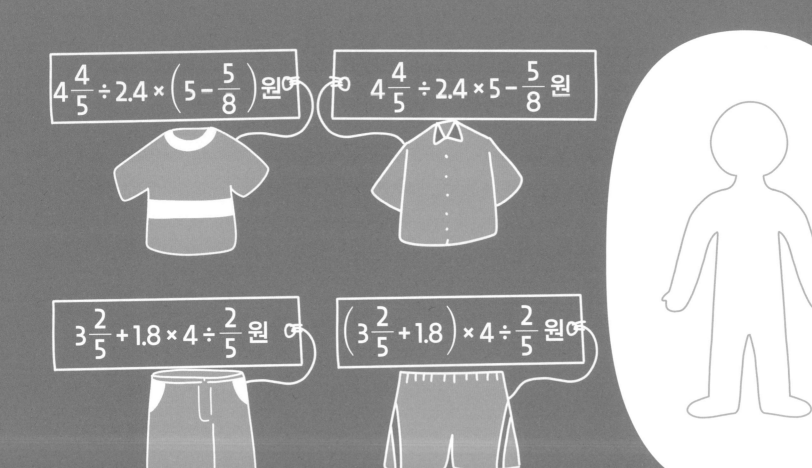

$4\frac{4}{5} \div 2.4 \times \left(5 - \frac{5}{8}\right)$ 원어

$4\frac{4}{5} \div 2.4 \times 5 - \frac{5}{8}$ 원

$3\frac{2}{5} + 1.8 \times 4 \div \frac{2}{5}$ 원어

$\left(3\frac{2}{5} + 1.8\right) \times 4 \div \frac{2}{5}$ 원어

07

간단한 자연수의 비로 나타내기

이번에는 무엇을 배울까?

자연수, 분수, 소수의 혼합 계산

간단한 자연수의 비로 나타내기

비례식

이렇게 지도해요!

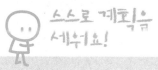

스스로 계획을 세워요!

❶ 먼저 설명해 주세요.

'비의 성질(비의 전항과 후항에 0이 아닌 같은 수를 곱하거나 나누어도 비율은 같다.)'을 이용하여 비를 간단한 자연수의 비로 나타내는 방법을 그림과 말로 풀어내었습니다. 아이와 함께 따라 읽어 보면서 큰 수 또는 분수, 소수로 나타낸 비를 간단한 자연수의 비로 나타내었을 때, 두 양의 크기를 보다 쉽게 비교할 수 있음을 이해합니다.

❷ 수를 이해하며 계산해요.

Day34에서 비의 성질과 관련된 문제를 가볍게 다루어 봅니다.

❸ 충분히 연습해요.

Day35 ~ Day39의 문제 풀이를 통해 간단한 자연수의 비로 나타내기를 충분히 연습하여 비율이 같은 여러 가지 자연수의 비로 나타낼 수 있음을 알고, 비례식을 대비합니다.

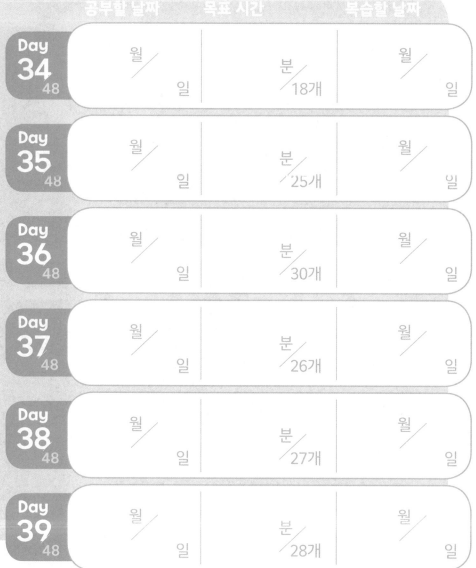

	공부할 날짜	목표 시간	복습할 날짜
Day 34 48	월 / 일	분 / 18개	월 / 일
Day 35 48	월 / 일	분 / 25개	월 / 일
Day 36 48	월 / 일	분 / 30개	월 / 일
Day 37 48	월 / 일	분 / 26개	월 / 일
Day 38 48	월 / 일	분 / 27개	월 / 일
Day 39 48	월 / 일	분 / 28개	월 / 일

선생님의 칠판

자연수 : 자연수

16 : 24

↓ 두 수의 공약수로 나눠서,

$(16 \div 8) : (24 \div 8)$

↓ 간단한 자연수의 비로!

2 : 3

소수 : 소수

4.5 : 6.3

↓ 10, 100, 1000 ···을 곱해서,

$(4.5 \times 10) : (6.3 \times 10)$

↓ 간단한 자연수의 비로!

5 : 7

분수 : 분수

$\dfrac{1}{6} : \dfrac{1}{4}$

↓ 분모의 공배수를 곱해서,

$\left(\dfrac{1}{6} \times 12\right) : \left(\dfrac{1}{4} \times 12\right)$

↓ 간단한 자연수의 비로!

2 : 3

Day 34

비에 0이 아닌 같은 수를 곱해도 비율은 변하지 않아.

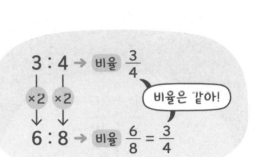

3 : 4 → 비율 $\frac{3}{4}$

×2 ×2   비율은 같아!

6 : 8 → 비율 $\frac{6}{8} = \frac{3}{4}$

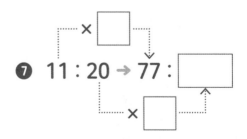

비 3:4에서 ':'의 앞에 있는 3을 전항, 뒤에 있는 4를 후항 이라고 해.

전항에 3을 곱하면,

❶ 5 : 8 → 15 : ⬜
×3 ... ×3
후항에도 3을 곱해 줘.

❷ 6 : 7 → 24 : ⬜
× ⬜ ... × 4

❸ 2 : 3 → 10 : ⬜
× 5 ... × ⬜

❹ 4 : 11 → ⬜ : 22
× ⬜ ... × 2

❺ 9 : 13 → ⬜ : ⬜
× 4 ... × ⬜

❻ 7 : 1 → ⬜ : ⬜
× ⬜ ... × 6

❼ 11 : 20 → 77 : ⬜
× ⬜ ... × ⬜

❽ 8 : 5 → 72 : ⬜
× ⬜ ... × ⬜

❾ 12 : 13 → ⬜ : 104
× ⬜ ... × ⬜

비를 0이 아닌 같은 수로
나누어도 비율은 변하지 않아.

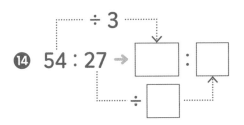

6 : 12 → 비율 $\frac{6}{12} = \frac{1}{2}$

↓÷3 ↓÷3

2 : 4 → 비율 $\frac{2}{4} = \frac{1}{2}$

비율은 같아!

전항을 2로 나누면,

÷ 2

⑩ 8 : 12 → 4 : ☐

÷ 2

후항도 2로 나눠 줘.

÷ 4

⑪ 20 : 64 → 5 : ☐

÷ ☐

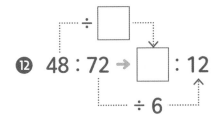

÷ ☐

⑫ 48 : 72 → ☐ : 12

÷ 6

÷ 8

⑬ 88 : 24 → ☐ : 3

÷ ☐

÷ 3

⑭ 54 : 27 → ☐ : ☐

÷ ☐

÷ ☐

⑮ 60 : 75 → ☐ : ☐

÷ 5

÷ 9

⑯ 81 : 108 → ☐ : ☐

÷ ☐

÷ ☐

⑰ 96 : 64 → 12 : ☐

÷ ☐

÷ ☐

⑱ 108 : 84 → ☐ : 7

÷ ☐

간단한 자연수의 비로 나타내기

공부 끝!

맞힌 개수

부모님 확인

/18개

오늘의 숫자 26에 색칠하세요.

Day 35

두 수의 최대공약수로 나누면 가장 간단한 자연수의 비로 나타낼 수 있어.

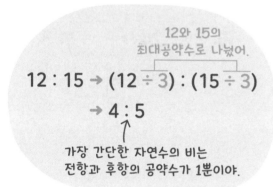

12와 15의 최대공약수로 나눴어.

$12 : 15 → (12 ÷ 3) : (15 ÷ 3)$

$→ 4 : 5$

가장 간단한 자연수의 비는 전항과 후항의 공약수가 1뿐이야.

❶ 12 : 21

$→ (12 ÷ 3) : (21 ÷ 3)$

→ ☐ : ☐

❷ 20 . 28

$→ (20 ÷ 4) : (28 ÷ 4)$

→ ☐ : ☐

❸ 15 : 9

$→ (15 ÷ 3) : (9 ÷ ☐)$

→ ☐ : ☐

❹ 45 : 54

$→ (45 ÷ 9) : (54 ÷ ☐)$

→ ☐ : ☐

❺ 32 : 12

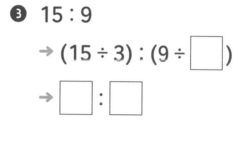

32와 12의 최대공약수를 찾아!

$→ (32 ÷ ☐) : (12 ÷ ☐)$

→ ☐ : ☐

❻ 8 : 18

$→ (8 ÷ ☐) : (18 ÷ ☐)$

→ ☐ : ☐

❼ 10 : 15

$→ (10 ÷ ☐) : (15 ÷ ☐)$

→ ☐ : ☐

❽ 14 : 35

$→ (14 ÷ ☐) : (35 ÷ ☐)$

→ ☐ : ☐

❾ 30 : 27

$→ (30 ÷ ☐) : (27 ÷ ☐)$

→ ☐ : ☐

두 수의 최대공약수를 찾아 나누어 볼까?

➓ 18 : 26 → ☐ : ☐

⓫ 32 : 28 → ☐ : ☐

⓬ 40 : 24 → ☐ : ☐

⓭ 36 : 32 → ☐ : ☐

⓮ 36 : 66 → ☐ : ☐

⓯ 63 : 18 → ☐ : ☐

⓰ 44 : 12 → ☐ : ☐

⓱ 51 : 36 → ☐ : ☐

⓲ 25 : 70 → ☐ : ☐

⓳ 60 : 115 → ☐ : ☐

⓴ 99 : 81 → ☐ : ☐

㉑ 64 : 52 → ☐ : ☐

㉒ 49 : 84 → ☐ : ☐

㉓ 84 : 72 → ☐ : ☐

㉔ 77 : 119 → ☐ : ☐

㉕ 143 : 121 → ☐ : ☐

공부 끝!

맞힌 개수

부모님 확인

/25개

오늘의 숫자 **77**에 색칠하세요.

Day 36

소수의 비는 전항과 후항에
10, 100, 1000 … 을 곱하여
간단한 자연수의 비로 나타내.

소수 한 자리 수이므로
10을 곱해.

$0.8 : 0.4 → (0.8 \times 10) : (0.4 \times 10)$

$→ 8 : 4$

최대공약수 4로 나눠!

$→ 2 : 1$

❶ 0.5 : 0.4 → ☐ : ☐

❷ 0.9 : 1.3 → ☐ : ☐

❸ 1.4 : 2.5 → ☐ : ☐

❹ 0.7 : 1.5 → ☐ : ☐

❺ 1.2 : 1.6 → ☐ : ☐

❻ 0.6 : 1.5 → ☐ : ☐

❼ 0.9 : 0.3 → ☐ : ☐

❽ 0.4 : 0.6 → ☐ : ☐

소수 두 자리 수이므로 각 항에 100을 곱해.

❾ 0.45 : 0.36 → ☐ : ☐
　　↳ 45 : 36

❿ 0.24 : 0.64 → ☐ : ☐

⓫ 0.25 : 1.25 → ☐ : ☐

⓬ 0.52 : 0.13 → ☐ : ☐

⓭ 0.12 : 0.72 → ☐ : ☐

⓮ 0.16 : 0.72 → ☐ : ☐

15 2.5 : 1.5 →

16 3.2 : 0.4 →

17 0.34 : 0.23 →

18 0.54 : 0.72 →

19 2.1 : 4.9 →

20 1.08 : 0.87 →

21 0.36 : 2.52 →

22 1.44 : 1.14 →

23 6.5 : 3.5 →

소수점 아래 자릿수가 많은 쪽에 맞추어 각 항에 100을 곱해.

24 0.42 : 1.4 →
└→ 42:140

25 3.2 : 1.92 →

26 0.3 : 0.04 →

27 2.1 : 1.05 →

28 1.36 : 0.9 →

29 0.8 : 1.04 →

30 0.32 : 0.5 →

공부 끝!

맞힌 개수

부모님 확인

/30개

오늘의 숫자 **96**에 색칠하세요.

Day 37

분수의 비는 전항과 후항에
두 분모의 최소공배수를 곱해서
간단한 자연수의 비로 나타내.

두 분모 4와 7의
최소공배수를 곱해.

$$\frac{3}{4} : \frac{6}{7} \rightarrow \left(\frac{3}{4} \times 28\right) : \left(\frac{6}{7} \times 28\right)$$

$$\rightarrow 21 : 24$$

최대공약수
3으로 나눠!

$$\rightarrow 7 : 8$$

❶ $\frac{8}{15} : \frac{3}{5}$ → ☐ : ☐

❷ $\frac{8}{9} : \frac{7}{18}$ → ☐ : ☐

❸ $\frac{1}{14} : \frac{1}{12}$ → ☐ : ☐

2) 14 12
    7   6 → 최소공배수: 84

❹ $\frac{3}{5} : \frac{9}{4}$ → ☐ : ☐

❺ $1\frac{3}{10} : \frac{3}{20}$ → ☐ : ☐

대분수일 때는 가분수로 나타낸 후
자연수의 비로 나타내.

❻ $2\frac{3}{4} : 1\frac{4}{5}$ → ☐ : ☐

❼ $\frac{11}{12} : \frac{5}{6}$ → ☐ : ☐

❽ $1\frac{4}{21} : 1\frac{1}{9}$ → ☐ : ☐

❾ $\frac{10}{7} : \frac{9}{8}$ → ☐ : ☐

❿ $1\frac{3}{8} : 1\frac{7}{10}$ → ☐ : ☐

⓫ $\frac{21}{8} : \frac{12}{5}$ → ☐ : ☐

⓬ $1\frac{1}{2} : \frac{5}{7}$ → ☐ : ☐

⑬ $\dfrac{5}{14} : \dfrac{10}{21} \rightarrow$

⑭ $\dfrac{2}{5} : \dfrac{1}{2} \rightarrow$

⑮ $\dfrac{3}{8} : \dfrac{7}{10} \rightarrow$

⑯ $\dfrac{7}{20} : 2\dfrac{11}{12} \rightarrow$

⑰ $\dfrac{15}{7} : 2\dfrac{8}{11} \rightarrow$

⑱ $1\dfrac{1}{6} : 4\dfrac{3}{8} \rightarrow$

⑲ $\dfrac{7}{12} : \dfrac{14}{15} \rightarrow$

⑳ $2\dfrac{3}{4} : 1\dfrac{5}{6} \rightarrow$

㉑ $\dfrac{3}{4} : 1\dfrac{4}{5} \rightarrow$

㉒ $3\dfrac{2}{5} : 2\dfrac{11}{20} \rightarrow$

㉓ $2\dfrac{1}{5} : 3\dfrac{2}{3} \rightarrow$

㉔ $3\dfrac{1}{9} : \dfrac{7}{6} \rightarrow$

㉕ $\dfrac{3}{14} : 1\dfrac{1}{7} \rightarrow$

㉖ $\dfrac{4}{15} : \dfrac{13}{12} \rightarrow$

공부 끝!

맞힌 개수

부모님 확인

/26개

오늘의 숫자 **4**에 색칠하세요.

분수와 소수의 비는
분수를 소수로, 소수를 분수로 바꾼 후
간단한 자연수의 비로 나타내.

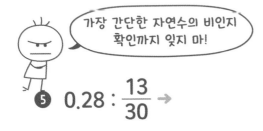

가장 간단한 자연수의 비인지
확인까지 잊지 마!

❶ $\dfrac{5}{4} : 0.25 \rightarrow$

소수를 분수로 고치면 $\dfrac{25}{100} = \dfrac{1}{4}$ 이야.

❷ $0.4 : \dfrac{7}{5} \rightarrow$

분수를 소수로 고치면 $\dfrac{14}{10} = 1.4$ 야.

❸ $0.3 : \dfrac{2}{5} \rightarrow$

❹ $1.2 : \dfrac{8}{5} \rightarrow$

❺ $0.28 : \dfrac{13}{30} \rightarrow$

❻ $\dfrac{21}{5} : 0.35 \rightarrow$

❼ $0.72 : \dfrac{2}{3} \rightarrow$

❽ $\dfrac{12}{11} : 0.6 \rightarrow$

❾ $\dfrac{9}{14} : 0.7 \rightarrow$

❿ $\dfrac{4}{15} : 1.1 \rightarrow$

⓫ $1.5 : \dfrac{7}{16} \rightarrow$

⓬ $\dfrac{4}{15} : 1.8 \rightarrow$

⓭ $1.76 : \dfrac{11}{9} \rightarrow$

⑭ $2.6 : \dfrac{39}{50}$ →

⑮ $0.52 : \dfrac{13}{20}$ →

⑯ $\dfrac{7}{4} : 0.85$ →

비의 성질을 이용해 봐!
$\dfrac{13}{12} : \dfrac{13}{10}$ → $\left(\dfrac{13}{12} \div 13\right) : \left(\dfrac{13}{10} \div 13\right)$

⑰ $1\dfrac{1}{12} : 1.3$ →

⑱ $1.8 : 2\dfrac{4}{7}$ →

⑲ $\dfrac{21}{20} : 1.36$ →

⑳ $1\dfrac{4}{5} : 3.6$ →

㉑ $\dfrac{14}{15} : 0.48$ →

㉒ $1\dfrac{5}{6} : 2.2$ →

㉓ $1.17 : \dfrac{9}{20}$ →

㉔ $3.3 : 2\dfrac{4}{9}$ →

㉕ $0.92 : \dfrac{23}{25}$ →

㉖ $\dfrac{21}{8} : 2.4$ →

㉗ $3\dfrac{33}{40} : 1.7$ →

간단한 자연수의 비로 나타내기

공부 끝!

맞힌 개수

부모님 확인

/27개

오늘의 숫자 **40**에 색칠하세요.

**가장 간단한 자연수의 비는
전항과 후항의 공약수가 1뿐이야.**

❶ 36 : 24 →

❼ 4.5 : 1.8 →

❸ 0.13 : 0.17 →

❹ $\dfrac{3}{10} : \dfrac{7}{20}$ →

❺ 7 : 0.8 →

❻ $\dfrac{6}{7} : \dfrac{5}{14}$ →

각 항에 10을 곱해
소수를 자연수로 만들어 봐!

❼ 1.2 : 4 →

❽ 66 : 45 →

❾ 0.11 : 0.42 →

❿ $1\dfrac{9}{14} : \dfrac{5}{21}$ →

⓫ $0.8 : \dfrac{8}{21}$ →

$2 = \dfrac{2}{1}$ 로 바꾸거나
비의 성질을 이용해 각 항에 5를 곱하면 돼.

⓬ $2 : \dfrac{4}{5}$ →

⓭ $\dfrac{28}{15} : 1.68$ →

⓮ $\dfrac{8}{3} : 5$ →

⑮ 12 : 0.4 →

⑯ $\frac{13}{6}$: 10 →

⑰ $\frac{5}{16}$: $\frac{1}{12}$ →

⑱ 3.9 : $\frac{13}{19}$ →

⑲ 0.56 : 0.72 →

⑳ 3 : 0.36 →

㉑ $2\frac{4}{7}$: $2\frac{5}{11}$ →

㉒ $\frac{18}{25}$: 2.7 →

㉓ 120 : 72 →

㉔ 0.88 : 0.16 →

㉕ 2.4 : 9 →

㉖ 4 : $\frac{11}{10}$ →

㉗ $3\frac{7}{13}$: 2.3 →

㉘ 8 : $2\frac{2}{11}$ →

공부 끝!

맞힌 개수

부모님 확인

/28개

오늘의 숫자 81에 색칠하세요.

가로 : 세로 또는 세로 : 가로의 비율이 4 : 3인 사진을 모두 골라 봐.

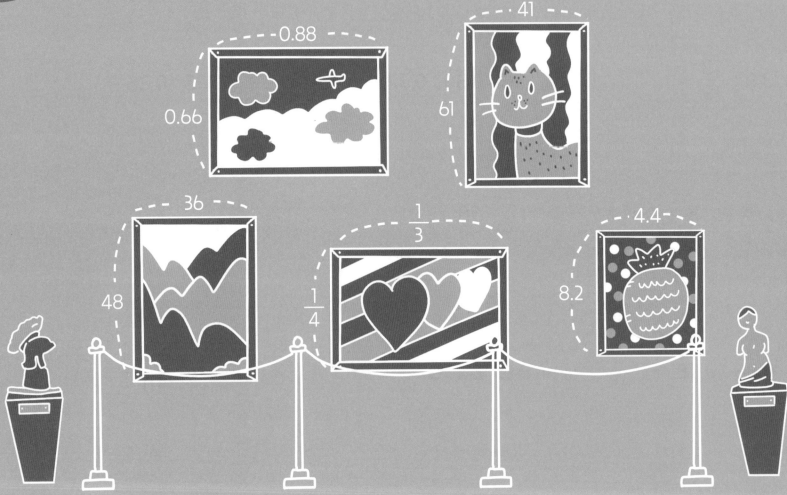

08

비례식

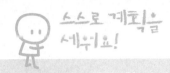
❶ 먼저 설명해 주세요.

비율이 같은 두 비를 식으로 나타낸 비례식을 그림과 말로
풀어내었습니다. 아이와 함께 따라 읽어 보면서
비례식에 대한 개념을 익히고, 비례식의 성질 또는 비의
성질을 이용하여 비례식에서 □의 값을 구해 봅니다.

❷ 수를 이해하며 계산해요.

Day40에서 비례식의 성질과 관련된 문제를 가볍게
다루어 봅니다.

❸ 충분히 연습해요.

비례식은 중등 과정에서 닮음비 개념과 연결되고,
일상 생활 속에서 자주 활용하는 개념이므로
Day41~Day44의 문제 풀이를 통해 비례식에서
□의 값 구하기를 충분히 연습합니다.

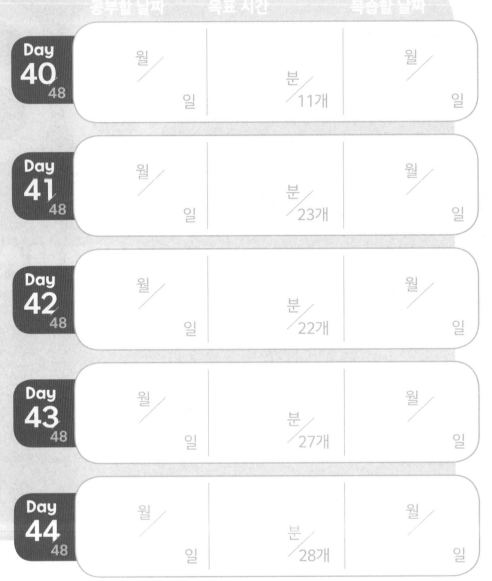

	공부할 날짜	목표 시간	복습할 날짜
Day 40 48	월 / 일	분 / 11개	월 / 일
Day 41 48	월 / 일	분 / 23개	월 / 일
Day 42 48	월 / 일	분 / 22개	월 / 일
Day 43 48	월 / 일	분 / 27개	월 / 일
Day 44 48	월 / 일	분 / 28개	월 / 일

선생님의 칠판

비례식

비율이 같은 두 비를 기호 '=(등호)'를
사용하여 나타낸 식

$$2 : 3 = 10 : 15$$

비율 $\dfrac{2}{3}$ 비율 $\dfrac{10}{15} = \dfrac{2}{3}$

비례식의 성질

외항 ⌐————————————⌐
$$2 : 3 = 10 : 15$$
⌐——— 내항 ———⌐

$$2 \times 15 = 3 \times 10$$

(외항) × (외항) = (내항) × (내항)

Day 40

비례식에서 외항의 곱과 내항의 곱은 같아!

2 : 3 = 6 : 9
└내항┘
└── 외항 ──┘
↓
(외항의 곱) = 2 × 9 = 18
(내항의 곱) = 3 × 6 = 18

'외항의 곱과 내항의 곱이 같다.' 는 비례식의 성질은 중요하니 꼭 기억해.

❶ 3 : 7 = 6 : 14

(외항의 곱) = 3 × 14 = ☐

(내항의 곱) = 7 × 6 = ☐

❷ 2 : 5 = 8 : 20

(외항의 곱) = 2 × 20 = ☐

(내항의 곱) = 5 × 8 = ☐

❸ 6 : 8 = 3 : 4

(외항의 곱) = 6 × ☐ = ☐

(내항의 곱) = 8 × ☐ = ☐

❹ 7 : 3 = 21 : 9

(외항의 곱) = 7 × ☐ = ☐

(내항의 곱) = 3 × ☐ = ☐

❺ 4 : 6 = 14 : 21

(외항의 곱) = ☐ × ☐ = ☐

(내항의 곱) = ☐ × ☐ = ☐

❻ 9 : 2 = 27 : 6

(외항의 곱) = ☐ × ☐ = ☐

(내항의 곱) = ☐ × ☐ = ☐

⑦ 2 : 1.8 = 10 : 9

┌ (외항의 곱) = ☐ × ☐ = ☐

└ (내항의 곱) = ☐ × ☐ = ☐

⑧ 2.4 : 9 = 4 : 15

┌ (외항의 곱) = ☐ × ☐ = ☐

└ (내항의 곱) = ☐ × ☐ = ☐

⑨ $\dfrac{5}{6}$: 2 = 5 : 12

┌ (외항의 곱) = ☐ × ☐ = ☐

└ (내항의 곱) = ☐ × ☐ = ☐

⑩ $\dfrac{7}{8}$: 3 = 7 : 24

┌ (외항의 곱) = ☐ × ☐ = ☐

└ (내항의 곱) = ☐ × ☐ = ☐

⑪ $6 : 4\dfrac{1}{2} = 20 : 15$

┌ (외항의 곱) = ☐ × ☐ = ☐

└ (내항의 곱) = ☐ × ☐ = ☐

외항과 내항이 분수나 소수여도 비례식의 성질은 성립해.

공부 끝!

맞힌 개수

부모님 확인

/11개

오늘의 숫자 **29**에 색칠하세요.

Day 41

비례식의 성질을 알면
■의 값을 구할 수 있어.

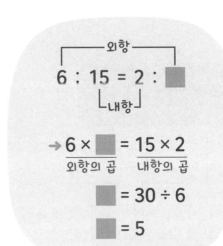

┌─── 외항 ───┐
6 : 15 = 2 : ■
    └ 내항 ┘

→ 6 × ■ = 15 × 2
  외항의 곱   내항의 곱

■ = 30 ÷ 6

■ = 5

■의 값이 내항인 경우,
(내항의 곱)=(외항의 곱)으로
순서를 바꿔도 돼!

① 1 : 2 = 4 : ■

→ 1 × ■ = ___2 × 4___

■ = _____

② 3 : 4 = 6 : ■

→ 3 × ■ = _____

■ = _____

③ 2 : 7 = 6 : ■

→ 2 × ■ = _____

■ = _____

④ 5 : 8 = 10 : ■

→ 5 × ■ = _____

■ = _____

⑤ ■ : 6 = 4 : 24

→ ■ × 24 = _____

■ = _____

⑥ ■ : 8 = 6 : 16

→ ■ × 16 = _____

■ = _____

⑦ 2 : ■ = 8 : 12

→ _____ = ■ × 8

■ = _____

⑧ 4 : ■ = 6 : 15

→ _____ = ■ × 6

■ = _____

⑨ 5 : 7 = ■ : 14

→ _____ = 7 × ■

■ = _____

비의 성질을 이용하여 ■를 구할 수도 있어.

$$\begin{array}{c} \overset{\times 3}{\longrightarrow} \\ 3:4 = 9:■ \\ \underset{\times 3}{\longrightarrow} \end{array}$$

→ ■ = 4 × 3

⑩ 3 : 4 = 9 : ■

→ ■ = ____

⑪ 8 : ■ = 4 : 7

→ ■ = ____

⑫ 5 : 6 = 20 : ■

→ ■ = ____

⑬ ■ : 18 = 9 : 2

→ ■ = ____

⑭ 3 : 8 = ■ : 72

→ ■ = ____

⑮ 2 : 11 = ■ : 88

→ ■ = ____

⑯ 4 : ■ = 24 : 30

→ ■ = ____

⑰ 5 : ■ = 35 : 14

→ ■ = ____

⑱ 8 : ■ = 56 : 77

→ ■ = ____

⑲ ■ : 10 = 33 : 30

→ ■ = ____

⑳ ■ : 9 = 24 : 27

→ ■ = ____

㉑ 4 : 9 = 44 : ■

→ ■ = ____

㉒ 6 : 8 = ■ : 24

→ ■ = ____

㉓ 7 : ■ = 21 : 27

→ ■ = ____

공부 끝!

맞힌 개수

/23개

부모님 확인

오늘의 숫자 42에 색칠하세요.

Day 42

비례식에 분수나 소수가 있어도
비례식의 성질을 이용하면 돼.

(외항의 곱)=(내항의 곱)을
이용하면 돼.

❶ 2 : 3 = 1.4 : ■

→ 2 × ■ = _____

■ = _____

❷ 5 : 6 = ■ : 4.2

→ _____ = 6 × ■

■ = _____

❸ 4 : 9 = 2 : ■

→ 4 × ■ = _____

■ = _____

❹ 5 : 7 = ■ : 2.1

→ _____ = 7 × ■

■ = _____

❺ 3 : 8 = $\frac{1}{4}$: ■

→ 3 × ■ = _____

■ = _____

❻ 2 : 5 = ■ : $\frac{5}{18}$

→ _____ = 5 × ■

■ = _____

❼ 3 : 4 = $\frac{1}{3}$: ■

→ 3 × ■ = _____

■ = _____

❽ 7 : 2 = ■ : $\frac{1}{7}$

→ _____ = 2 × ■

■ = _____

비의 성질을 이용하여 ■를 구할 수도 있어.

┌ ×0.8 ┐
3 : 5 = 2.4 : ■
└ ×0.8 ┘
→ ■ = 5×0.8

9 3 : 5 = 2.4 : ■

→ ■ = _____

10 4 : 11 = 3.2 : ■

→ ■ = _____

11 2 : 9 = 4.2 : ■

→ ■ = _____

12 4 : 3 = ■ : 2.7

→ ■ = _____

13 2 : 5 = ■ : 3

→ ■ = _____

14 9 : 8 = ■ : 5.6

→ ■ = _____

15 5 : 7 = $\frac{3}{7}$: ■

→ ■ = _____

16 6 : 5 = $\frac{9}{10}$: ■

→ ■ = _____

17 10 : 9 = $\frac{5}{6}$: ■

→ ■ = _____

18 7 : 8 = ■ : $1\frac{3}{7}$

→ ■ = _____

19 1 : 15 = ■ : $\frac{3}{2}$

→ ■ = _____

20 2.5 : ■ = 15 : 3

→ ■ = _____

21 $\frac{4}{7}$: 0.4 = ■ : 14

→ ■ = _____

22 ■ : $\frac{5}{8}$ = 28 : 7

→ ■ = _____

공부 끝!

맞힌 개수

부모님 확인

/22개

오늘의 숫자 **17**에 색칠하세요.

 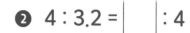

Day 43

비의 성질이나 비례식의 성질 중 더 쉬운 방법으로 □의 값을 찾아봐!

❶ 16 : □ = 2 : 3

❷ 4 : 3.2 = □ : 4

❸ 12 : 5 = $\frac{4}{3}$: □

❹ 9 : 12 = □ : 36

❺ 5 : 6 = □ : $\frac{1}{5}$

❻ 4 : 15 = 12 : □

❼ 7 : 5 = 42 : □

❽ □ : 9 = 24 : 36

❾ 12 : 17 = □ : 3.4

❿ 8 : 9 = □ : $4\frac{1}{2}$

⓫ □ : 11 = 5 : $\frac{11}{9}$

⓬ 6 : □ = 18 : 39

⓭ 4 : 10 = 1.2 : □

122

⓮ 5 : 8 = 20 : ☐

⓯ 8 : 7 = 4.8 : ☐

⓰ 5 : 14 = ☐ : 42

⓱ 9 : 7 = ☐ : $\dfrac{7}{3}$

⓲ 6 : ☐ = 18 : 21

⓳ 5 : ☐ = $\dfrac{1}{3}$: $\dfrac{9}{5}$

⓴ 15 : 9 = 105 : ☐

㉑ 20 : 3 = ☐ : 2.1

㉒ ☐ : 21 = 60 : 63

㉓ 11 : 5 = 55 : ☐

㉔ 10 : ☐ = 15 : 18

㉕ 16 : 15 = ☐ : 4.5

㉖ 12 : 16 = ☐ : 2.4

대분수는 가분수로
고쳐야겠지?

㉗ 7 : 12 = ☐ : $6\dfrac{6}{7}$

공부 끝!

맞힌 개수

/27개

부모님 확인

오늘의 숫자 **90**에 색칠하세요.

Day 44

외항은 외항끼리,
내항은 내항끼리 곱해야 해.

❶ 4 : ☐ = 12 : 27

❷ ☐ : 9 = 28 : 36

❸ 6 : 11 = ☐ : 2.2

❹ ☐ : 7 = $\frac{5}{7}$: $\frac{5}{4}$

❺ 12 : 16 = 15 : ☐

❻ 4 : 5 = 2$\frac{2}{5}$: ☐

❼ 5 : ☐ = 25 : 60

❽ 13.5 : 9 = ☐ : 6

❾ 11 : 12 = 44 : ☐

❿ 3 : ☐ = 4.2 : 8.4

⓫ 14 : 20 = ☐ : 30

⓬ 15 : 28 = ☐ : $\frac{7}{10}$

⓭ ☐ : 18 = 40 : 45

⓮ 9 : 15 = 2.7 : ☐

⑮ $9 : 7 = 18 : \boxed{}$

⑯ $4 : 6 = \boxed{} : 96$

⑰ $5 : 10 = \boxed{} : 7.2$

⑱ $6 : 13 = 1.8 : \boxed{}$

⑲ $3 : 1 = \boxed{} : \dfrac{3}{5}$

⑳ $10 : 14 = 15 : \boxed{}$

㉑ $24 : \boxed{} = 48 : 14$

㉒ $\boxed{} : 21 = 36 : 63$

㉓ $6 : 5 = \boxed{} : 4\dfrac{1}{6}$

㉔ $\boxed{} : 19 = 2 : 3\dfrac{4}{5}$

㉕ $10 : 12 = 5.5 : \boxed{}$

㉖ $20 : \boxed{} = 30 : 36$

㉗ $16 : 21 = \boxed{} : 84$

㉘ $16 : \boxed{} = \dfrac{4}{9} : \dfrac{9}{4}$

공부 끝!

맞힌 개수

부모님 확인

/28개

오늘의 숫자 **49**에 색칠하세요.

연산 놀이터

비례식을 보고 비례식의 성질이 알맞게 이어지도록 거미줄에 선 하나를 추가해 봐.

6 : 4 = 18 : 12

24 : 16 = 18 : 12

4 : 3 = 12 : 9

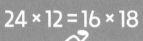
24 × 12 = 16 × 18

4 × 9 = 3 × 12

6 × 12 = 4 × 18

09

비례배분

이번에는 무엇을 배울까?

비례식   **비례배분**

❶ 먼저 설명해 주세요.

전체를 주어진 비로 나누는 비례배분을 그림과 말로 풀어내었습니다. 아이와 함께 따라 읽어 보면서 비례배분의 의미와 비례배분하는 방법을 익힙니다.

❷ 수를 이해하며 계산해요.

설명과 이어지는 그림을 이용하여 Day45에서 재미있게 문제를 풉니다.

❸ 충분히 연습해요.

Day46 ~ Day48의 문제 풀이를 통해 비례배분을 능숙하게 계산할 수 있도록 충분히 연습하고, 비례배분을 한 후에는 결과의 합이 전체와 같은지 확인하여 실수하지 않도록 합니다.

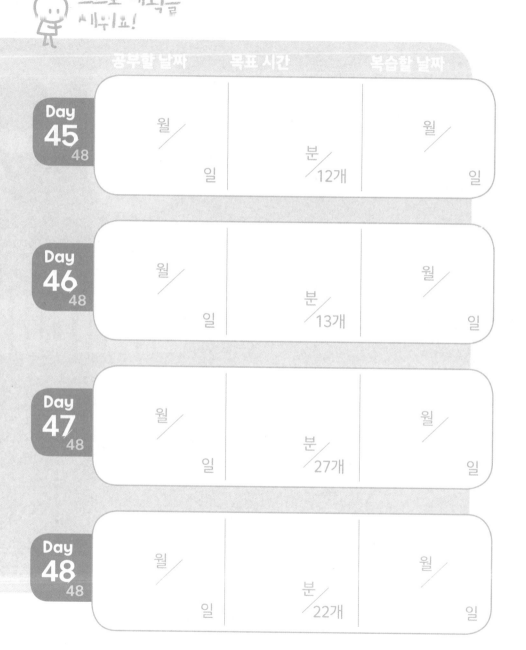

공부할 날짜	목표 시간	복습할 날짜
Day 45 48 · 월 / 일	분 / 12개	월 / 일
Day 46 48 · 월 / 일	분 / 13개	월 / 일
Day 47 48 · 월 / 일	분 / 27개	월 / 일
Day 48 48 · 월 / 일	분 / 22개	월 / 일

비례배분이란?

전체를 주어진 비로 배분하는 것

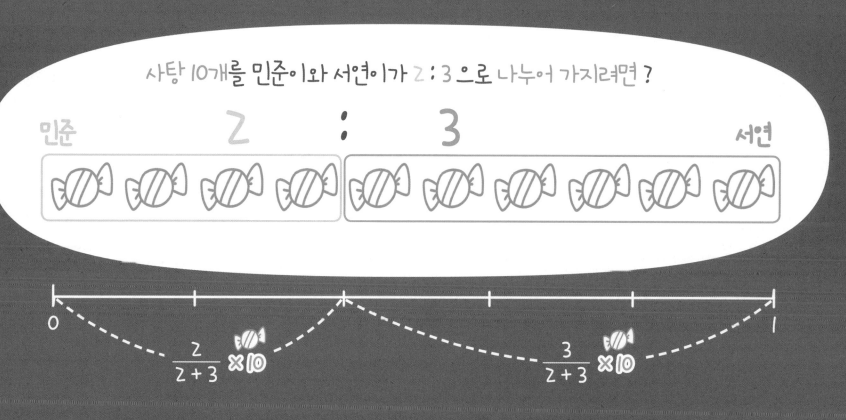

사탕 10개를 민준이와 서연이가 2:3으로 나누어 가지려면 ?

민준   2   :   3   서연

$$\frac{2}{2+3} \times 10 \qquad \frac{3}{2+3} \times 10$$

Day 45

●가 주어진 비로 나누어지도록
○를 그리고 각각의 개수를 세어 봐.

말풍선: 전체가 10개가 될 때까지 2개, 3개씩 나누어 보면 돼.

● 10개를 2 : 3으로 비례배분

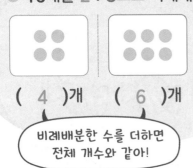

(4)개   (6)개

말풍선: 비례배분한 수를 더하면 전체 개수와 같아!

❶ ● 9개를 2 : 7로 비례배분

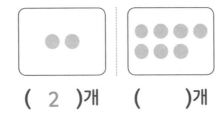

(2)개   (   )개

❷ ● 8개를 5 : 3으로 비례배분

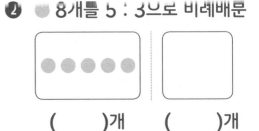

(   )개   (   )개

❸ ● 6개를 2 : 1로 비례배분

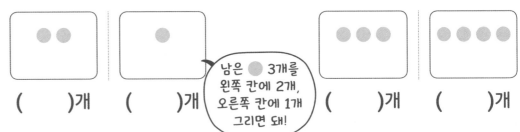

(   )개   (   )개

말풍선: 남은 ● 3개를 왼쪽 칸에 2개, 오른쪽 칸에 1개 그리면 돼!

❹ ● 14개를 3 : 4로 비례배분

(   )개   (   )개

❺ ● 12개를 1 : 3으로 비례배분

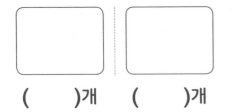

(   )개   (   )개

❻ ● 15개를 3 : 2로 비례배분

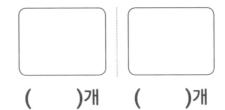

(   )개   (   )개

❼ ● 16개를 3 : 5로 비례배분

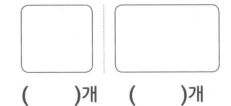

(   )개   (   )개

●가 주어진 비로
나누어지도록 ☐로 묶고,
식으로 나타내 보자.

2 : 3

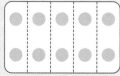

전체 10개를 먼저
5(=2+3)묶음으로 똑같이 나눴어.

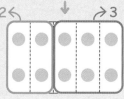

전체의 $\frac{2}{5}$, $\frac{3}{5}$으로 나누는 것과 같아.

↓

$10 \times \dfrac{2}{2+3} = 10 \times \dfrac{2}{5} = 4$

$10 \times \dfrac{3}{2+3} = 10 \times \dfrac{3}{5} = 6$

---

❽ 1 : 2

$9 \times \dfrac{1}{3} = \boxed{}$

$9 \times \dfrac{2}{3} = \boxed{}$

---

❾ 4 : 1

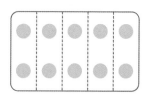

$10 \times \dfrac{4}{5} = \boxed{}$

$10 \times \dfrac{1}{5} = \boxed{}$

---

❿ 3 : 1

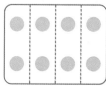

$8 \times \dfrac{3}{4} = \boxed{}$

$8 \times \dfrac{1}{4} = \boxed{}$

⓫ 5 : 4

$18 \times \dfrac{5}{9} = \boxed{}$

$18 \times \dfrac{4}{9} = \boxed{}$

⓬ 3 : 5

$16 \times \dfrac{3}{8} = \boxed{}$

$16 \times \dfrac{5}{8} = \boxed{}$

공부 끝!

맞힌 개수

부모님 확인

/12개

오늘의 숫자 63에 색칠하세요.

Day 46

비례배분을 할 때는
전항과 후항의 합을 분모로 하는
분수를 곱하는 거야.

6을 1 : 2로 비례배분하면?

$$\rightarrow 6 \times \frac{1}{1+2} = 2, \quad 6 \times \frac{2}{1+2} = 4$$

이때, 2+4를 하면 전체 수 6이 되는 거지!

❶ 10을 2 : 3으로 비례배분

과정 $10 \times \dfrac{\boxed{2}}{\boxed{2}+\boxed{3}} = \boxed{}$

$10 \times \dfrac{\boxed{}}{\boxed{}+\boxed{}} = \boxed{}$

→ _____ , _____

비례배분을 한 수를
더해서 전체 수와
같은지 확인해!

❷ 14를 3 : 4로 비례배분

과정 $14 \times \dfrac{\boxed{}}{\boxed{}+\boxed{}} = \boxed{}$

$14 \times \dfrac{\boxed{}}{\boxed{}+\boxed{}} = \boxed{}$

→ _____ , _____

❸ 20을 1 : 4로 비례배분

과정 $20 \times \dfrac{\boxed{}}{\boxed{}+\boxed{}} = \boxed{}$

$20 \times \dfrac{\boxed{}}{\boxed{}+\boxed{}} = \boxed{}$

→ _____ , _____

❹ 21을 5 : 2로 비례배분

과정 $21 \times \dfrac{\boxed{}}{\boxed{}+\boxed{}} = \boxed{}$

$21 \times \dfrac{\boxed{}}{\boxed{}+\boxed{}} = \boxed{}$

→ _____ , _____

❺ 27을 2 : 1로 비례배분

과정 $27 \times \dfrac{\boxed{}}{\boxed{}+\boxed{}} = \boxed{}$

$27 \times \dfrac{\boxed{}}{\boxed{}+\boxed{}} = \boxed{}$

→ _____ , _____

❻ 45를 4 : 5로 비례배분

과정 $45 \times \dfrac{4}{4+5}$ = _____

= _____

→ _____ , _____

❼ 36을 1 : 3으로 비례배분

과정 _____ = _____

= _____

→ _____ , _____

❽ 40을 3 : 5로 비례배분

과정 _____ = _____

= _____

→ _____ , _____

❾ 56을 3 : 4로 비례배분

과정 _____ = _____

= _____

→ _____ , _____

❿ 66을 5 : 6으로 비례배분

과정 _____ = _____

= _____

→ _____ , _____

⓫ 69를 2 : 1로 비례배분

과정 _____ = _____

= _____

→ _____ , _____

⓬ 70을 7 : 3으로 비례배분

과정 _____ = _____

= _____

→ _____ , _____

⓭ 75를 1 : 4로 비례배분

과정 _____ = _____

= _____

→ _____ , _____

공부 끝!

맞힌 개수

/13개

부모님 확인

오늘의 숫자 **25**에 색칠하세요.

Day 47

주어진 비를 간단한 자연수의 비로 바꾸어 비례배분하면 돼.

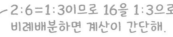

2 : 6 = 1 : 3이므로 16을 1 : 3으로 비례배분하면 계산이 간단해.

월   일   /18분

❶ 16을 2 : 6으로 비례배분

→ _____ , _____

❷ 24를 4 : 8로 비례배분

→ _____ , _____

❸ 30을 2 : 4로 비례배분

→ _____ , _____

❹ 39를 3 : 10으로 비례배분

→ _____ , _____

❺ 42를 4 : 10으로 비례배분

→ _____ , _____

❻ 54를 10 : 8로 비례배분

→ _____ , _____

❼ 64를 4 : 12로 비례배분

→ _____ , _____

❽ 81을 6 : 21로 비례배분

→ _____ , _____

❾ 98을 4 : 10으로 비례배분

→ _____ , _____

❿ 84를 5 : 7로 비례배분

→ _____ , _____

⓫ 78을 9 : 4로 비례배분

→ _____ , _____

⓬ 63을 4 : 3으로 비례배분

→ _____ , _____

⓭ 91을 8 : 6으로 비례배분

→ _____ , _____

⓮ 48을 11 : 5로 비례배분

→ _____ , _____

134

⑮ 104를 8 : 18로 비례배분

→ _____ , _____

⑯ 112를 12 : 16으로 비례배분

→ _____ , _____

⑰ 126을 8 : 10으로 비례배분

→ _____ , _____

⑱ 135를 9 : 18로 비례배분

→ _____ , _____

⑲ 140을 9 : 12로 비례배분

→ _____ , _____

⑳ 152를 14 : 24로 비례배분

→ _____ , _____

㉑ 164를 20 : 21로 비례배분

→ _____ , _____

㉒ 171을 4 : 14로 비례배분

→ _____ , _____

㉓ 184를 3 : 9로 비례배분

→ _____ , _____

㉔ 192를 12 : 20으로 비례배분

→ _____ , _____

㉕ 205를 4 : 16으로 비례배분

→ _____ , _____

㉖ 256을 8 : 24로 비례배분

→ _____ , _____

㉗ 300을 3 : 9로 비례배분

→ _____ , _____

공부 끝!

맞힌 개수

부모님 확인

/27개

오늘의 숫자 **58**에 색칠하세요.

하나의 수를
여러 가지 비로
비례배분할 수 있어.

❶ 18 → 1 : 2 _____ , _____
4 : 5 _____ , _____

❷ 35 → 2 : 3 _____ , _____
3 : 4 _____ , _____

❸ 48 → 1 : 3 _____ , _____
1 : 2 _____ , _____

❹ 72 → 3 : 5 _____ , _____
5 : 7 _____ , _____

❺ 63 → 2 : 5 _____ , _____
5 : 16 _____ , _____

❻ 57 → 1 : 2 _____ , _____
8 : 11 _____ , _____

❼ 27 → 1 : 2 _____ , _____
4 : 5 _____ , _____

❽ 44 → 1 : 3 _____ , _____
7 : 4 _____ , _____

❾ 56 → 2 : 5 _____ , _____
5 : 9 _____ , _____

❿ 88 → 2 : 9 _____ , _____
3 : 5 _____ , _____

⓫ 96 → 1 : 5 _____ , _____
3 : 5 _____ , _____

⑫ 110 → 2 : 3 ____ , ____   4 : 7 ____ , ____

⑬ 125 → 1 : 4 ____ , ____   11 : 14 ____ , ____

⑭ 144 → 1 : 5 ____ , ____   7 : 5 ____ , ____

⑮ 136 → 3 : 1 ____ , ____   7 : 10 ____ , ____

⑯ 168 → 5 : 9 ____ , ____   11 : 13 ____ , ____

⑰ 156 → 1 : 3 ____ , ____   10 : 3 ____ , ____

⑱ 175 → 2 : 3 ____ , ____   11 : 24 ____ , ____

⑲ 196 → 5 : 9 ____ , ____   15 : 34 ____ , ____

⑳ 189 → 5 : 2 ____ , ____   5 : 16 ____ , ____

㉑ 216 → 19 : 5 ____ , ____   17 : 10 ____ , ____

㉒ 228 → 7 : 5 ____ , ____   15 : 4 ____ , ____

공부 끝!

맞힌 개수

부모님 확인

/22개

오늘의 숫자 **34**에 색칠하세요.

연산
놀이터

레시피에 따라 탕후루를 만들 때,
딸기 탕후루에 사용한 설탕은 모두 몇 g일까?

< 레시피 1 >

설탕 840 g을 3 : 4 로
나누어 사용합니다.

3 : 4

딸기
탕후루

방울토마토
탕후루

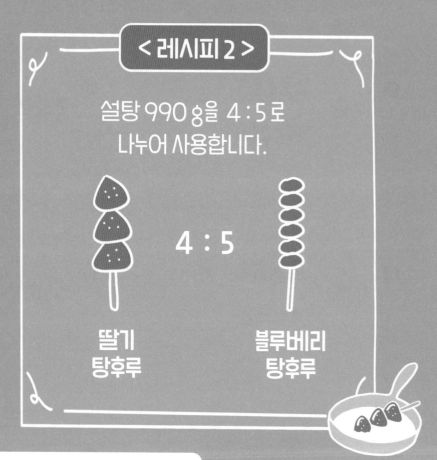

< 레시피 2 >

설탕 990 g을 4 : 5 로
나누어 사용합니다.

4 : 5

딸기
탕후루

블루베리
탕후루

딸기 탕후루에 사용한 설탕은 모두 (   ) g

평가 1단계 ~ 6단계

연산 실력 점검하기

01 $0.5\,)\,2\,8.5$

02 $0.4\,9\,)\,2.9\,4$

03 $2.4\,)\,7\,6.8$

04 $5.1\,4\,)\,9\,2.5\,2$

05 $11.2 \div 1.4$

06 $97.5 \div 6.5$

07 $6.75 \div 1.35$

08 $42.51 \div 1.09$

09 $2.5\,)\,5.7\,5$

10 $3.2\,)\,0.4\,8$

11 $0.5\,4\,)\,0.9\,7\,2$

12 $1.7\,9\,)\,6.0\,8\,6$

13 $1.82 \div 1.4$

14 $25.16 \div 3.7$

15 $1.463 \div 0.07$

16 $5.112 \div 4.26$

17 $1.2\,)\,3\,0$

18 $0.2\,5\,)\,8$

19

$$5.4 \overline{)\ 8\ 1}$$

20

$$1.6\ 8 \overline{)\ 4\ 2}$$

21 $90 \div 3.6$

22 $108 \div 5.4$

23 $3 \div 0.15$

24 $78 \div 3.25$

25 $47.26 \div 9$

일의 자리까지	소수 첫째 자리까지	소수 둘째 자리까지

26 $21.4 \div 6.3$

일의 자리까지	소수 첫째 자리까지	소수 둘째 자리까지

27 $64.9 \div 7$

몫: ☐   남는 수: ☐

28 $45.25 \div 15$

몫: ☐   남는 수: ☐

29 $73.8 \div 15$

몫: ☐   남는 수: ☐

30 $397.14 \div 8$

몫: ☐   남는 수: ☐

31 $7 - 1\dfrac{3}{4} \times 2.8$

32 $3.9 + 0.6 \div 2\dfrac{1}{2} \times 15$

33 $6 \times \dfrac{7}{9} - \dfrac{2}{3} \div 0.4$

34 $1\dfrac{1}{6} \div 0.3 \times 4\dfrac{1}{2} + 2$

35 $\left(\dfrac{3}{10} + 4.2 \right) \times \dfrac{3}{5} \div 18$

36 $2\dfrac{2}{5} \times 6 \div \left(1.85 + \dfrac{1}{4} \right)$

01 9 : 24 → □ : □

02 70 : 28 → □ : □

03 42 : 105 → □ : □

04 81 : 63 → □ : □

05 121 : 55 → □ : □

06 1.6 : 1.2 → □ : □

07 0.38 : 0.57 → □ : □

08 0.35 : 2.52 → □ : □

09 1.5 : 0.25 → □ : □

10 1.25 : 0.6 → □ : □

11 $\frac{1}{3}$: $\frac{3}{4}$ → □ : □

12 $\frac{1}{4}$: $\frac{2}{7}$ → □ : □

13 $1\frac{1}{2}$: $2\frac{1}{3}$ → □ : □

14 $1\frac{1}{6}$: $4\frac{3}{8}$ → □ : □

15 $1\frac{3}{5}$: $3\frac{3}{8}$ → □ : □

16 1.5 : $\frac{3}{4}$ →

17 $\frac{6}{25}$: 0.9 →

18 $1\frac{3}{5}$: 0.96 →

19 1.8 : $3\frac{1}{4}$ →

20 3.6 : $2\frac{2}{5}$ →

21 $\frac{9}{10}$: 3 →

22 $3\frac{1}{2}$: 14 →

23 $2\frac{2}{3} : 12$ ↑

24 $6 : 2\frac{2}{5}$ ↑

25 $7 : 35 = \boxed{} : 40$

26 $21 : \boxed{} = 7 : 3$

27 $4 : 3 = 16 : \boxed{}$

28 $\boxed{} : 32 = 4 : 8$

29 $121 : 77 = \boxed{} : 7$

30 $2 : 3 = \boxed{} : 0.6$

31 $8 : \boxed{} = \frac{2}{5} : \frac{1}{4}$

32 $16 : 5 = 3.2 : \boxed{}$

33 $\frac{2}{3} : \boxed{} = 18 : 21$

34 $2 : 8 = \frac{1}{6} : \boxed{}$

35 $9.1 : \boxed{} = 2.8 : 2$

36 $0.24 : 0.6 = \boxed{} : 10$

37 $\frac{3}{32} : \boxed{} = 1\frac{1}{4} : 8$

38 $\frac{4}{5} : \frac{2}{3} = \boxed{} : 20$

39 14를 4 : 3으로 비례배분
↑ _____ , _____

40 63을 5 : 4로 비례배분
↑ _____ , _____

41 70을 3 : 11로 비례배분
↑ _____ , _____

42 92를 9 : 14로 비례배분
↑ _____ , _____

43 126을 8 : 6으로 비례배분
↑ _____ , _____

44 144를 8 : 10으로 비례배분
↑ _____ , _____

01 $0.3 \overline{)3\,4.2}$

02 $0.26 \overline{)7.5\,4}$

09 $2.4 \overline{)3\,6}$

10 $1.7\,5 \overline{)2\,1}$

03 $95.2 \div 6.8$

04 $37.75 \div 1.51$

05 $1.4 \overline{)0.6\,3}$

06 $5.1\,4 \overline{)6.1\,6\,8}$

07 $4.48 \div 2.8$

08 $2.853 \div 3.17$

11 $66 \div 5.5$

12 $32 \div 1.28$

13 $40.19 \div 15$

일의 자리까지	소수 첫째 자리까지	소수 둘째 자리까지

14 $52.34 \div 12.1$

일의 자리까지	소수 첫째 자리까지	소수 둘째 자리까지

15 $90.7 \div 8$

몫: ☐   남는 수: ☐

16 $62.36 \div 12$

몫: ☐   남는 수: ☐

17 $2.6 \div \left(8 + 1\dfrac{3}{4}\right)$

18 $76 \div \left(2\dfrac{1}{2} - 0.6\right)$

19 $4 - 1.25 \div 2\dfrac{5}{8} \times 2\dfrac{4}{5}$

20 $3\dfrac{1}{2} \times \left(1.4 + \dfrac{4}{5}\right) \div 7$

21 $24 : 15 \rightarrow \boxed{} : \boxed{}$

22 $\dfrac{3}{4} : 2\dfrac{2}{5} \rightarrow \boxed{} : \boxed{}$

23 $0.35 : 1\dfrac{1}{4} \rightarrow \boxed{} : \boxed{}$

24 $14 : 2.8 \rightarrow \boxed{} : \boxed{}$

25 $33 : 9 = \boxed{} : 3$

26 $0.5 : \boxed{} = \dfrac{1}{8} : 4$

27 $\boxed{} : \dfrac{2}{3} = 6 : 14$

28 $27 : 16 = \boxed{} : 0.8$

29 63을 8 : 6으로 비례배분

$\uparrow \underline{} , \underline{}$

30 275를 9 : 16으로 비례배분

$\uparrow \underline{} , \underline{}$

31 85를 8 : 9로 비례배분

$\uparrow \underline{} , \underline{}$

32 135를 13 : 14로 비례배분

$\uparrow \underline{} , \underline{}$

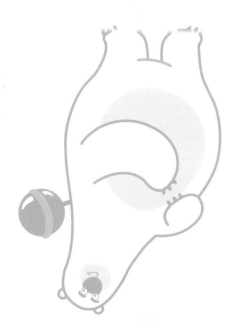

늘푸른 개나리

늘늘 푸른 새싹 푸른 나무늘